食虫植物百科

刘国明 编著

中国农业出版社
北 京

图书在版编目（CIP）数据

食虫植物百科 / 刘国明编著 . -- 北京 : 中国农业出版社 , 2024.1
ISBN 978-7-109-30926-5

Ⅰ . ①食… Ⅱ . ①刘… Ⅲ . ①驱虫－植物－青少年读物 Ⅳ . ① Q949.96-49

中国国家版本馆 CIP 数据核字 (2023) 第 136216 号

食虫植物百科
Shichong Zhiwu Baike

中国农业出版社出版
地址：北京市朝阳区麦子店街18号楼
邮编：100125
责任编辑：国圆　郭晨茜　　文字编辑：唐振悦
版式设计：刘亚宁　　责任校对：吴丽婷　　责任印制：王　宏
印刷：北京中科印刷有限公司
版次：2024年1月第1版
印次：2024年1月北京第1次印刷
发行：新华书店北京发行所
开本：889mm×1194mm　1/16
印张：24
字数：600千字
定价：198.00元

Encyclopedia
of Carnivorous
Plants

Contents 目录

第一部分
神奇的食虫植物 / 1

一、什么是食虫植物？ / 2
二、食虫植物种类 / 5

猪笼草 / 5
捕蝇草 / 12
茅膏菜 / 18
瓶子草 / 21
捕虫堇 / 28
狸藻 / 30
其他食虫植物 / 33

第二部分
食虫植物的捕虫方式 / 51

一、陷阱式 / 52
二、捕兽夹式 / 53
三、粘捕式 / 54
四、虾笼式 / 56
五、吸入式 / 56

第三部分
食虫植物品种鉴赏 / 57

一、猪笼草 / 58

猪笼草原生种 / 58
猪笼草杂交种 / 105

二、捕蝇草 / 151

三、茅膏菜 / 178

热带种群 / 178
温带种群 / 200
矮小种群（迷你茅膏菜）/ 215
球根种群 / 230

四、瓶子草 / 235

瓶子草原生种 / 235
瓶子草杂交种 / 252
小虫草堂培育的瓶子草品种 / 261
太阳瓶子草 / 266

五、捕虫堇 / 273

热带高地种群（墨西哥捕虫堇） / 273
亚热带种群 / 291

Encyclopedia of Carnivorous Plants

六、狸藻 / 293

陆生狸藻 / 293
附生狸藻 / 300
水生狸藻 / 304

第四部分
食虫植物的观赏应用 / 305

一、微景观及组合盆栽 / 307
二、食虫植物展览 / 311
三、食虫植物花园 / 314
四、食虫植物花艺 / 317

第五部分
食虫植物的种植 / 319

一、为什么要养食虫植物？ / 320
二、食虫植物的种植要求 / 321

贫瘠的土壤 / 321
纯净的水源 / 322
充足的光照 / 322
潮湿的环境 / 324
合适的温度 / 324
养分的供给 / 325

三、食虫植物的常用基质与配比 / 325

常用基质 / 325
常用基质配比 / 331

四、主要食虫植物的种植技术 / 333

猪笼草的种植 / 333
捕蝇草的种植 / 338
茅膏菜的种植 / 341
瓶子草的种植 / 344
捕虫堇的种植 / 347
狸藻的种植 / 349
非常见食虫植物的种植要点 / 351
网购食虫植物种植操作流程 / 353

第六部分
病虫害防治 / 355

一、预防病虫害的发生 / 356

温度 / 356
湿度 / 356
光照 / 356
传染源 / 356

二、防治病虫害 / 357

常见病害 / 357
常见虫害 / 360

专栏
食虫植物栽培常见问题 Q&A / 362

索引 / 372
后记 / 378

Encyclopedia
of Carnivorous
Plants

第一部分
神奇的食虫植物

一、什么是食虫植物？

同在一个星球，同样享受着阳光雨露的滋养，不同的是食虫植物拥有不同于一般植物的特性——捕食昆虫！

通俗地说，具有捕食昆虫能力的植物被称为食虫植物。食虫植物一般具备引诱、捕捉、消化昆虫以及吸收昆虫营养的能力，甚至能捕食一些蛙类、小蜥蜴、小鸟等小动物，所以也称为食肉植物。

在大多数人的印象中，食虫植物是一种生活在热带雨林的热带植物，其实它们分布很广，除非洲北部、中东沙漠、北极、南极洲和终年冰封的高山等极端环境外，全世界多有分布。在种植过程中，可以根据植物不同产地的气候特征为植物提供相应的适生环境。

全世界已知的食虫植物共 13 科 20 属 1100 多种，代表种类如猪笼草、捕蝇草、茅膏菜、瓶子草、捕虫堇、狸藻等。它们大多生活在高山湿地或低地沼泽中，以诱捕昆虫或小动物来补充营养。它们以这种特有的方式在贫瘠的土地上顽强地生存下来……

好望角茅膏菜（白）
Drosera capensis var. alba

食虫植物的分类

目 名	科 名	属 名	种 数
菊目（Asterales）	花柱草科（Stylidiaceae）	花柱草属（*Stylidium*）	300+
泽泻目（Alismatales）	岩菖蒲科（Tofieldiaceae）	黏菖蒲属（*Triantha*）	1
石竹目（Caryophyllales）	双钩叶科（Dioncophyllaceae）	穗叶藤属（*Triphyophyllum*）	1
	茅膏菜科（Droseraceae）	貉藻属（*Aldrovanda*）	1
		捕蝇草属（*Dionaea*）	1
		茅膏菜属（*Drosera*）	245+
	露叶科（Drosophyllaceae）	露松属（*Drosophyllum*）	1
	猪笼草科（Nepenthaceae）	猪笼草属（*Nepenthes*）	172+
杜鹃花目（Ericales）	捕虫树科（Roridulaceae）	捕虫树属（*Roridula*）	2
	瓶子草科（Sarraceniaceae）	瓶子草属（*Sarracenia*）	15
		眼镜蛇瓶子草属（*Darlingtonia*）	1
		南美瓶子草属（*Heliamphora*）	23
唇形目（Lamiales）	腺毛草科（Byblidaceae）	腺毛草属（*Byblis*）	8+
	狸藻科（Lentibulariaceae）	螺旋狸藻属（*Genlisea*）	30+
		捕虫堇属（*Pinguicula*）	100+
		狸藻属（*Utricularia*）	247+
	角胡麻科（Martyniaceae）	单角胡麻属（*Ibicella*）*	3
		长角胡麻属（*Proboscidea*）*	7
酢浆草目（Oxalidales）	土瓶草科（Cephalotaceae）	土瓶草属（*Cephalotus*）	1
车前目（Plantaginales）	车前草科（Plantaginaceae）	菲尔科西亚属（*Philcoxia*）	7
禾本目（Poales）	凤梨科（Bromeliaceae）	布洛凤梨属（*Brocchinia*）	2
		嘉宝凤梨属（*Catopsis*）	1
	谷精草科（Eriocaulaceae）	食虫谷精草属（*Paepalanthus*）*	1

*表示是否属于食虫植物还存在疑问，有待研究，因未发现消化酶或未发现利用捕获猎物获得营养的机制，严格来说只能算是捕虫植物。

二、食虫植物种类

猪笼草

1. 猪笼草概况

猪笼草是一种神奇的热带食虫植物，在叶的顶端有一个带盖的捕虫袋，能分泌蜜汁和消化液，当经不住笼口蜜汁诱惑的昆虫失足掉进捕虫袋后，袋内的消化液可以把昆虫消化吸收。

关于猪笼草的最早记录可追溯到 1658 年，由法国殖民者在马达加斯加发现，1737 年由瑞典植物学家林奈 (Carolus Linnaeus) 将该属植物命名为 *Nepenthes*，其名称来源于希腊文，意为解除痛苦，指看到猪笼草这么神奇又美丽的植物就感觉不到为了寻找它长途跋涉的艰苦了。

18 世纪，猪笼草因其外形奇特被欧洲殖民者从东南亚引入，并作为观赏植物开始人工栽培。19 世纪，关于猪笼草的研究达到鼎盛时期，连达尔文都非常感兴趣，著有《食虫植物》一书。20 世纪中期逐渐实现产业化发展。

中国早在 18 世纪就已将猪笼草作为药用植物应用（《陆川本草》有记载），但作为观赏植物兴起于 20 世纪 90 年代，从国外不断进口优良的猪笼草品种，用于展览及年宵花。同期国内种苗公司也开始以订单生产方式为国外提供食虫植物种苗。21 世纪初，食虫植物逐渐开始内销，实现产业化发展。比如各大花市都能看到的“花市猪笼草”——红瓶猪笼草（*Nepenthes* × *ventrata*），它是国内第一种产业化的猪笼草品种，至今长盛不衰！

红瓶猪笼草

奇异猪笼草

在猪笼草科食虫植物中，仅猪笼草属 1 属，全属约 172 种，主产东南亚各国和大洋洲的巴布亚新几内亚，以婆罗洲岛（隶属于印度尼西亚、马来西亚、文莱三国，世界第三大岛）、苏门答腊岛（隶属于印度尼西亚）两大岛物种最多最著名。

我国也有一个原生种，称之野猪或奇异猪笼草 (*Nepenthes mirabilis*)，分布于广东、广西、海南等沿海地区。

猪笼草的原生地多为山区热带雨林、灌木林及林中空旷地、低地沼泽、海滨沙地等。因原生地不同，猪笼草的栽培方法也有较大差异，一般园艺上依据其分布的海拔高度分类，将其分为高地种 (highland) 和低地种 (lowland)。生长在海拔 1 000 米以上的物种被称为高地种，高山地区云雾缭绕，冷凉潮湿，日夜温差大。生长在海拔 1 000 米以下的物种被称为低地种，低地终年温暖湿润。高地种较多，占全属的 2/3，其余 1/3 为低地种，这两类猪笼草在人工栽培时对温度的要求有较大的差异。

猪笼草不但具有观赏价值，还可入药，具有清热利尿、消炎止咳等功效；东南亚地区有人将米、肉等食材装入猪笼草的笼子内，蒸熟后拿来售卖，成为类似粽子的特色食品；台湾地区也有观光农场制作猪笼草茶和果冻售卖；在我国南方地区，有“猪笼入水财源滚滚、袋袋（代代）平安”的说法，为猪笼草赋予了美好的寓意。

猪笼草的雄花

猪笼草的雌花

猪笼草的种子

2. 猪笼草的形态

猪笼草为多年生藤本或直立草本植物，茎木质或半木质，在原生地有些植株可长达10～30米，攀缘于树木或平卧地面而生。叶一般为长椭圆形，顶端有卷须，以便于攀缘，在卷须的末端会形成一个瓶状或漏斗状的捕虫器，并带有顶盖，盖子在笼子长成时打开就不再闭合。猪笼草生长多年后才会开花，花一般为总状花序或圆锥花序，雌雄异株，花小而平淡，观赏性无法与捕虫器相比。果为蒴果，成熟时开裂散出种子。

3. 猪笼草的捕虫器

种植猪笼草的主要目的是用于观赏，而观赏的焦点是它的捕虫器——“笼子”，笼子色彩鲜艳，造型奇特，是非常精致奇妙的捕虫工具，具有极高的观赏价值。不同品种的笼子形态各异，即使是同一棵猪笼草多数也能长出两种不同形态的笼子，一般生长于下部的笼子较胖、较圆、较大，称之为低位笼或下位笼 (lower pitcher)，长在上部的笼子较长、较细，偏向漏斗状，称之为高位笼或上位笼 (upper pitcher)。

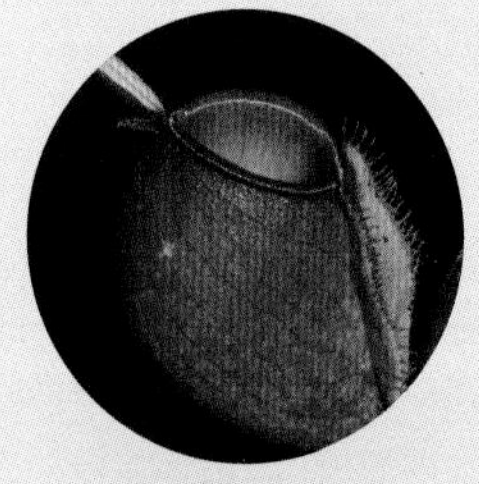

苹果猪笼草（古铜色）

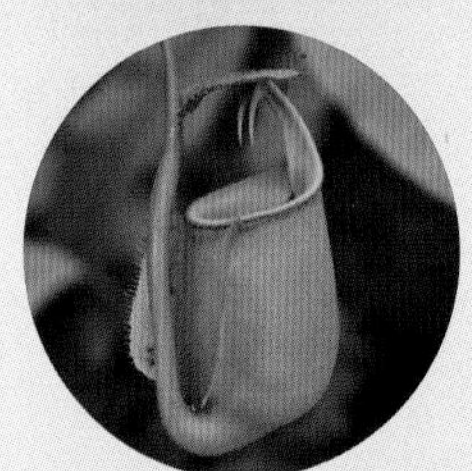

二齿猪笼草

笼盖

笼口的上部长有顶盖，可防止雨水或其他杂物落入笼中，并可阻挡上部射入的光线，迷惑落入笼中的昆虫使其找不到出口。很多人以为昆虫落入笼子后笼盖会盖上，实际上笼子打开笼盖后是无法再盖回去的。有部分猪笼草如苹果猪笼草 (*Nepenthes ampullaria*)，顶盖窄长并外翻，使笼口可接到从上面掉落的鸟粪、落叶、雨水等，就像是露天“化粪池”收集“有机肥”。也有部分猪笼草笼盖内侧会有突起、齿状物、长毛等附属物，如二齿猪笼草（*Nepenthes bicalcarata*）、劳氏猪笼草（*Nepenthes lowii*）、鞍型猪笼草（*Nepenthes ephippiata*）等，“方便”昆虫攀爬，实际上这是个圈套，很容易滑落。

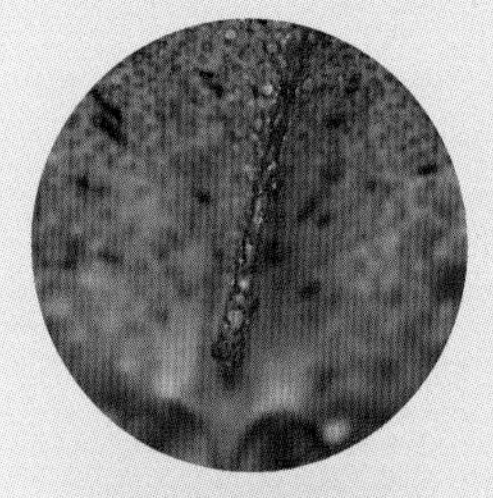

宝特 × 鞍型猪笼草
Nepenthes ×(*truncata* × *ephippiata*)
笼盖内侧蜜腺分泌的蜜汁结晶

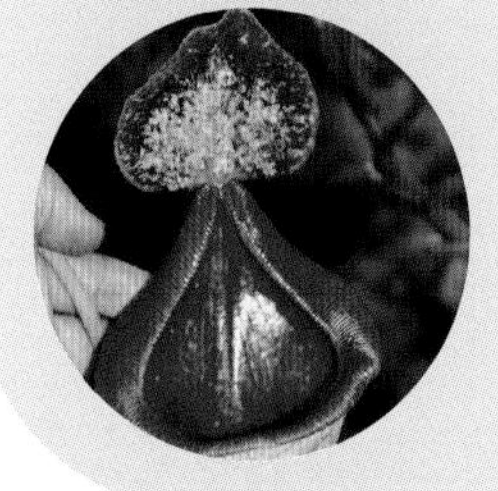

劳氏 × 博世猪笼草的
蜜腺上附着白色糖霜

蜜腺

在笼盖的内侧或笼唇周围分布着大量蜜腺，会分泌蜜汁吸引昆虫等猎物，一些猪笼草的叶片、笼蔓、茎部都会分布点状的蜜腺，蜜汁有类似蜂蜜的香甜味，也如同酒一样有一定的麻醉作用，被吸引的昆虫来采食，蜜汁能使昆虫麻痹以致不小心滑落笼中。

笼唇

笼的口缘外翻，称之为唇，笼唇是由一条条光滑的唇肋组成的众多凹槽结构，犹如导轨，伸向笼口内缘。这种凹槽结构能制造毛细现象，使水朝笼口向上方流动。笼唇和笼身的剖面成斜 T 形，当昆虫滑落时可起到导向作用，也可以防止捕获的猎物逃脱（类似龙虾笼的结构）。有些猪笼草在笼口内缘唇肋的末端形成锋利的齿状结构，犹如鱼钩的倒刺，这是防止猎物逃脱的“升级版”技能。

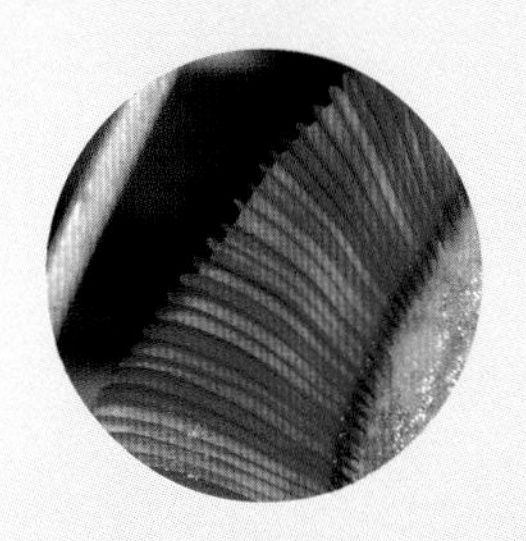

笼唇

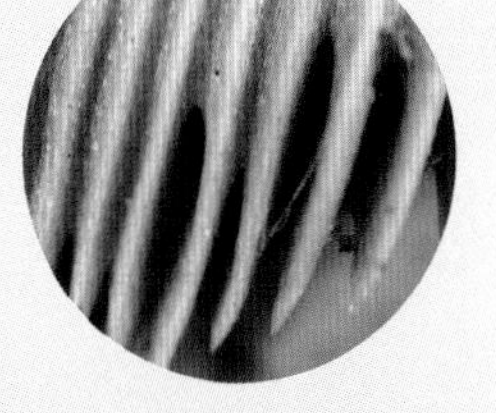

唇肋与唇齿

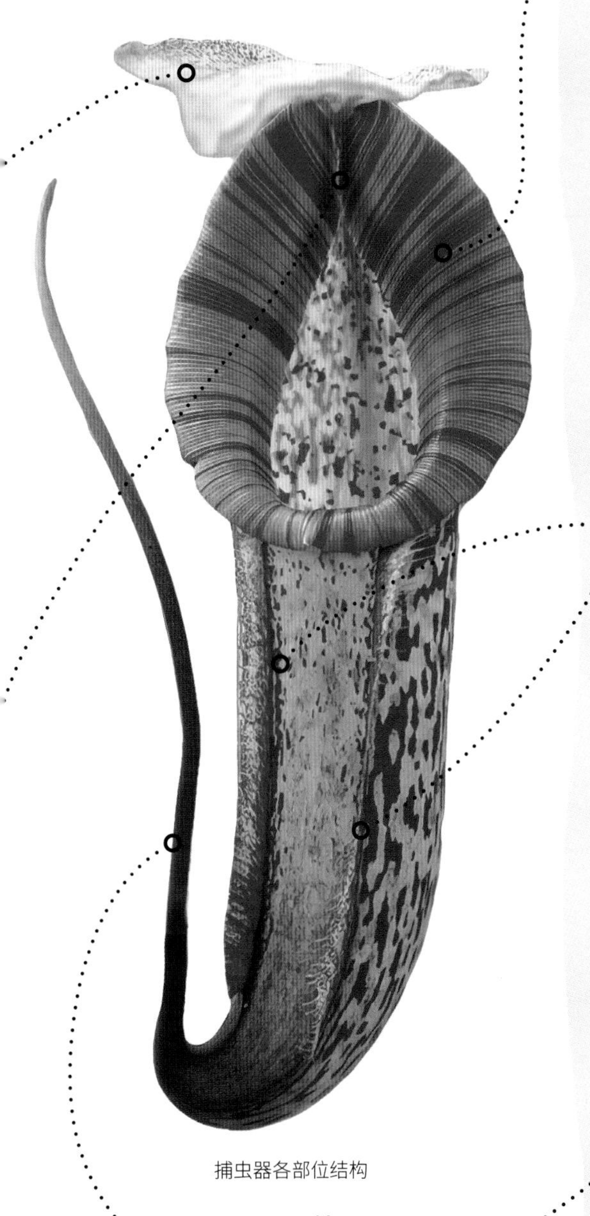

捕虫器各部位结构

笼翼

在笼子的表面笼盖生长的对侧，常会有两条平行的翼，从笼口延伸向下汇集于笼底，它的功能类似篱笆或梯子的作用，既引导方向又方便攀爬，让爬行的小动物如蚂蚁、鼠妇等从笼子的底部攀爬至笼口，也是整个完美“死亡陷阱”的一部分。

海盗 × 印度猪笼草 *Nepenthes* ×
(*mirabilis* var. *globosa*×*khasiana*) 的幼笼有着宽大的翼

卷须

多数猪笼草的上位笼卷须会缠绕在附近的植物上以便攀爬。

虎克猪笼草（三色）
Nepenthes × *hookeriana* (Harlequin)

米兰达猪笼草 *Nepenthes* × *miranda* 下位笼

米兰达猪笼草上位笼

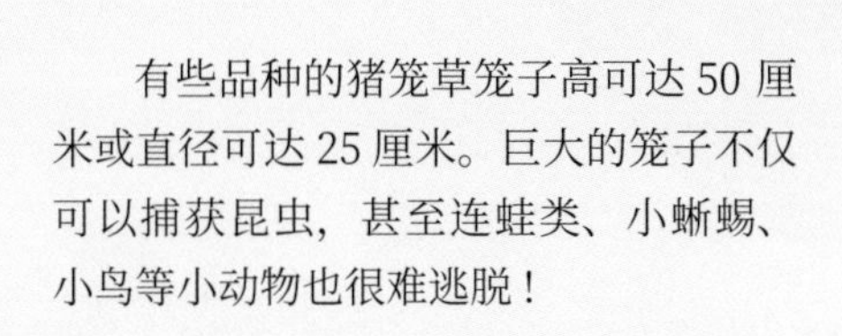

有些品种的猪笼草笼子高可达 50 厘米或直径可达 25 厘米。巨大的笼子不仅可以捕获昆虫，甚至连蛙类、小蜥蜴、小鸟等小动物也很难逃脱！

黛瑞安娜猪笼草 *Nepenthes* × *dyeriana* 的笼子高 45 厘米

笼子剖面

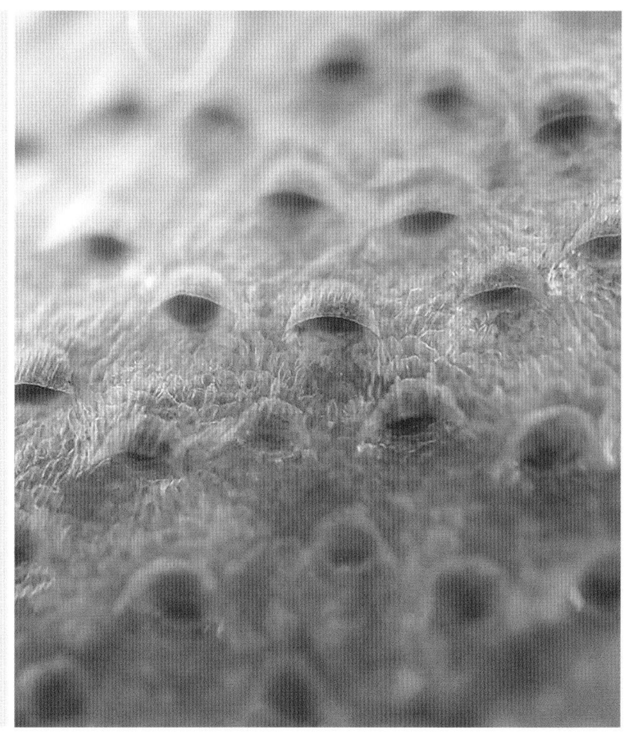

笼子内壁上部向下突起的刨丝结构（放大 30 倍）

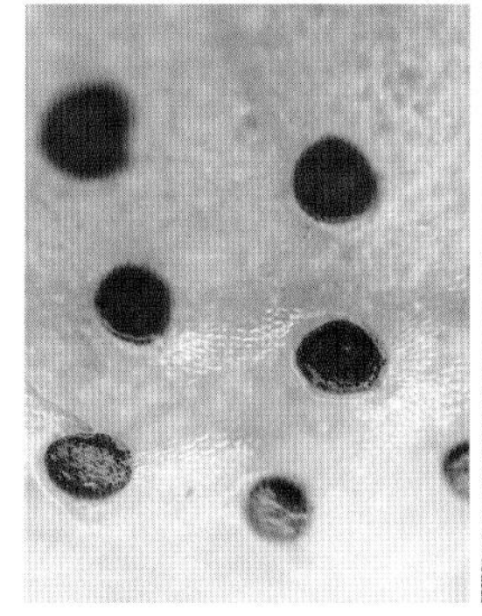

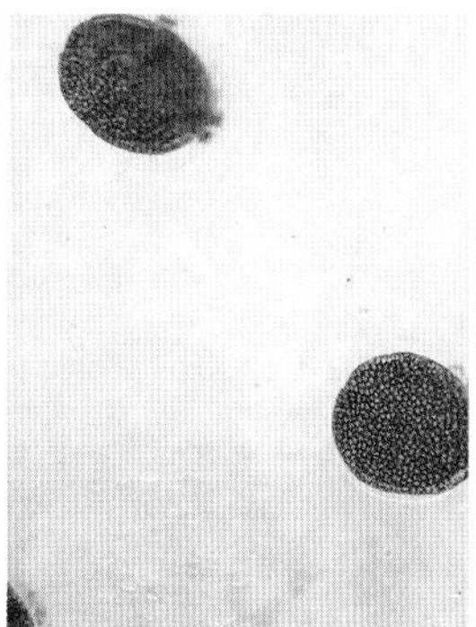

笼子内壁下部的消化腺（放大 30 倍）

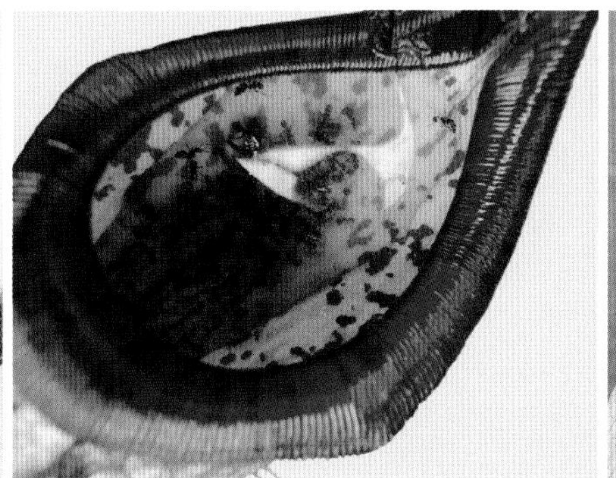

猪笼草捕获的蚂蚁

刨丝器

笼子内壁看似无奇，实则非常精密，暗藏独门绝技！笼子内壁上部通常有非常光滑的蜡质区，内壁有大量特殊的向下突起结构，犹如厨房常见的制作萝卜丝、土豆丝的刨丝器，触摸往下很滑，往上有粗糙感。这是一种超乎想象、非常特殊的“刨丝结构”，可阻止猎物往上攀爬，特别针对“吸盘侠”，如苍蝇、蚊子、壁虎等，表面只是光滑并不一定能困住它们，但面对猪笼草的刨丝结构，它们却无计可施，好比吸盘挂钩在粗糙的表面总是吸不住一样。这是猪笼草的“专利”，让人类都为之汗颜。笼内下部有消化腺，能分泌消化液，可将昆虫淹死并消化吸收。

捕蝇草

1. 捕蝇草概况

捕蝇草是一种非常有趣的食虫植物，在叶的顶端长有一个酷似“贝壳”的捕虫夹，且能分泌蜜汁，当有猎物闯入时，能以极快的速度将其夹住，并消化吸收。

关于捕蝇草的最早记录可追溯到 1760 年 1 月 24 日，时任美国北卡罗来纳州州长的阿瑟·多布斯 (Arthur Dobbs) 发出的函件中首次对捕蝇草进行了描述，1768 年约翰 · 埃利斯 (John Ellis) 在一篇文章中把捕蝇草这类植物称之为“*Dionaea*”。“*Dionaea*”来源于希腊神话中的海洋女神狄俄涅 (Dione)，她生下了阿佛洛狄忒——爱与美之神，在罗马神话中称之为维纳斯 (Venus)。捕蝇草的学名为 *Dionaea muscipula*，英文名为 venus flytrap，简称 VFT，很美又极富寓意，意思是她用她的美丽狩猎爱情，美丽是个陷阱，一旦陷入无法自拔。捕蝇草是爱与美的象征！

捕蝇草属于茅膏菜科捕蝇草属，全属仅 1 种，但有较多的园艺变种、杂交种，原产美国北卡罗来纳州和南卡罗来纳州的大西洋沿岸平原地区，威尔明顿市周边半径 120 千米范围内，海拔高 0 ～ 70 米。它们生长在稀树草原沼泽的泥炭或沙质土壤中，生长环境常年潮湿，但一般不会出现季节性淹水的情况。这些地区地面通常生长着低矮草本，因常年的野火抑制了高大植物的生长，只有零星的松树或灌木分布，因此很开阔，能接受大量光照。因地处大西洋沿岸，受海洋气候影响，当地气候温暖湿润，夏季白天 30℃左右，极少超过 35℃，昼夜温差 10℃左右，冬季最低温度 0℃左右，一般不低于 -7℃。由于人类的不断开发，原生地生存环境遭到破坏，捕蝇草的分布范围日渐缩小，为保护物种，捕蝇草也被引入佛罗里达州等地区进行了复育。

捕蝇草的捕虫夹具有活动能力，捕虫过程具有极强的趣味性，深得人们的喜爱，已成为国内最受宠的食虫植物之一。

捕蝇草的花

捕蝇草的种子

巨夹捕蝇草（左）和 B52 捕蝇草（右）

2. 捕蝇草的形态与四季变化（以浙江气候为例）

捕蝇草为多年生草本植物，鳞茎匍匐，少量须根很不发达，叶基生，呈莲座状排列。叶由两部分组成，下部靠近茎的部分呈楔形，上部长有一个贝壳状的捕虫夹，叶长 10 厘米左右。捕蝇草的叶片有两种形态，夏天的叶片下部细长，并向空中伸展，其他季节的叶片下部又短又宽，并贴于地面（有些园艺种叶片始终平贴于地面）。冬季气温在 10℃以下时捕蝇草会休眠，休眠时大部分叶片会枯萎，只剩下中心很小的休眠叶，如温度进一步降至 0℃左右，叶片可能会全部枯萎，只剩下地下的鳞茎过冬。成熟的植株每年初夏开花，花茎高 15 ～ 30 厘米，伞状花序，花瓣白色，一般 5 枚，呈星形，蒴果卵形，成熟时开裂散出黑色水滴状种子。

初夏（4 ~ 6 月）

初夏，一般开始生长直立叶，夏天的叶片下部细长，向空中伸展。成熟植株开始长出花茎，花茎抑制了叶片的生长，此时一般不长新叶，直到花茎顶部开始枯萎后一个月左右才会再长新叶（为使植株更加健壮，建议刚长出花茎时立即把花苞掐掉，特别是瘦弱的植株，因为开花会促使其衰竭甚至死亡）。

盛夏（7 ~ 9 月）

盛夏季节，捕蝇草已经全部换上了夏叶，叶片下部细长，上部向空中伸展（个别园艺种叶片依然平贴于地面），长得十分茂盛。夏季开过花的植株此时花茎已枯萎，正在长新叶。

秋季（10 ~ 11 月）

秋季，夏季的直立叶已经逐步枯萎，换上了平贴于地面的秋叶，此时植株丰满鲜艳，非常漂亮！

冬季（12 月至翌年 2 月）

冬季，气温在 10℃以下时会休眠，休眠时大部分叶片会枯萎，只剩下中心很小的休眠叶，如温度进一步降至 0℃左右时，叶片可能会全部枯萎，只剩下地下的鳞茎过冬。

春季（2 ~ 4 月）

春季植株苏醒后生长的第一片叶要比休眠叶大很多，平贴地面，叶柄宽大，颜色偏绿。

春季形态

初夏形态

盛夏形态

秋季形态

冬季形态

1 捕虫夹的结构
2 放大的消化腺与蜜腺
3 感觉毛放大 30 倍
4 ~ 6 捕虫夹捕获的昆虫
7 消化腺放大 30 倍

B52 捕蝇草 *Dionaea muscipula*‘B52’

3. 捕蝇草的捕虫器

捕蝇草的捕虫夹是一个功能强大、“机关重重”的捕虫陷阱，能如贝壳一样感受外部的刺激，并以极快的速度闭合，但贝壳是为了防御，而它却是主动进攻，捕获昆虫等猎物。捕蝇草强大的捕猎本领令其他食虫植物黯然失色，它是食虫植物界最顶尖的“猎手”，连达尔文（《物种起源》的作者）都称其为“世界最奇妙的植物之一”！

捕蝇草的捕虫夹边缘一般排列着十多根刺状毛，内侧两边各有 3 根细小的感觉毛，平时夹子呈 60° 张开，夹子内侧能分泌蜜汁，表面光亮且一般呈现鲜艳的红色。当昆虫被吸引，爬到夹子内，在 2 ～ 25 秒内如果触动其中一根感觉毛 2 次或触动 2 根感觉毛，那么捕虫夹就会以极快的速度闭合（最快仅需 0.1 秒），将昆虫夹住，夹子两边的刺毛会相互交叉，防止猎物逃脱。接着，遭受惊吓的昆虫开始挣扎，但越挣扎夹子夹得越紧，像贝壳一样紧闭。此时夹子内壁的腺体开始分泌消化液，昆虫被浸泡在液体中窒息，消化液开始分解猎物。之后 1 ～ 2 周，昆虫被消化吸收，捕虫夹再次打开，剩下无法消化的昆虫外壳被风雨带走，新的“狩猎”又将开始！

奇妙的捕虫夹是如何完成一次“狩猎”过程的呢？捕虫夹的闭合需严格按照特定的碰触为条件，也就是说它有一个快速的信息处理系统，类似动物的神经系统，可以控制捕虫夹的复杂活动。当触动夹子内的感觉毛时，其就像一个杠杆，压迫感觉毛基部的感觉细胞，使感觉细胞产生一个电荷信号，并传递给捕虫夹的叶面组织，电荷在叶面组织内聚集，但还不足以激发其闭合，只有在特定时间再次碰触任何一根感觉毛时，电荷量达到阈值，夹子内侧液体迅速流向外侧，夹子内侧收缩变小，外侧膨胀变大，促使夹子翻转向内侧弯曲闭合，再通过局部的调整使夹子充分紧闭。具体的信息处理机制相当复杂，有待进一步研究。

捕虫夹的闭合速度除与自身因素有关以外，还与外界环境因素如温度、光照等有较大关系。温度高、光照强，则闭合速度快，所以夏天夹子的闭合速度会比其他季节快很多，冬天休眠时则基本失去了闭合能力。

捕虫夹还能分辨食物与非食物，如果用一块小石子触动感觉毛，使夹子闭合，过几小时后，它又会缓慢张开。

同一个捕虫夹也并非可以一直捕虫，一般捕猎三四次后便失去了捕虫能力，但仍有植物叶片原本具有的能力——通过光合作用参与植物生长。如果捕虫夹闭合没有捕到猎物，开合 20 多次后也将失去捕虫能力，且开合的过程需要消耗植物很多能量，所以不要频繁地碰触夹子。不过即使捕虫夹没有被使用，几个月后也将随着新陈代谢慢慢枯萎，被新夹子所取代。

茅膏菜

1. 茅膏菜概况

茅膏菜是非常精致迷人的小型食虫植物，叶上长有腺毛，能分泌黏液，外形像是挂满了露珠，晶莹剔透，能像黏纸一样把昆虫粘住，并消化吸收。

茅膏菜科 (Droseraceae) 食虫植物共有茅膏菜属 (*Drosera*)、捕蝇草属 (*Dionaea*) 和貉藻属 (*Aldrovanda*) 3 个属。其中以茅膏菜属物种最多，约 245 种，世界大部分地区都有分布，又以澳大利亚物种最多，多生于沼泽、湿地或山坡空旷地。

茅膏菜属在植物学上分为多个亚属及组，过于复杂，在园艺学上按其形态特征、地理分布，并结合国内的种植环境、种植要求进行简化分类，方便种植管理。

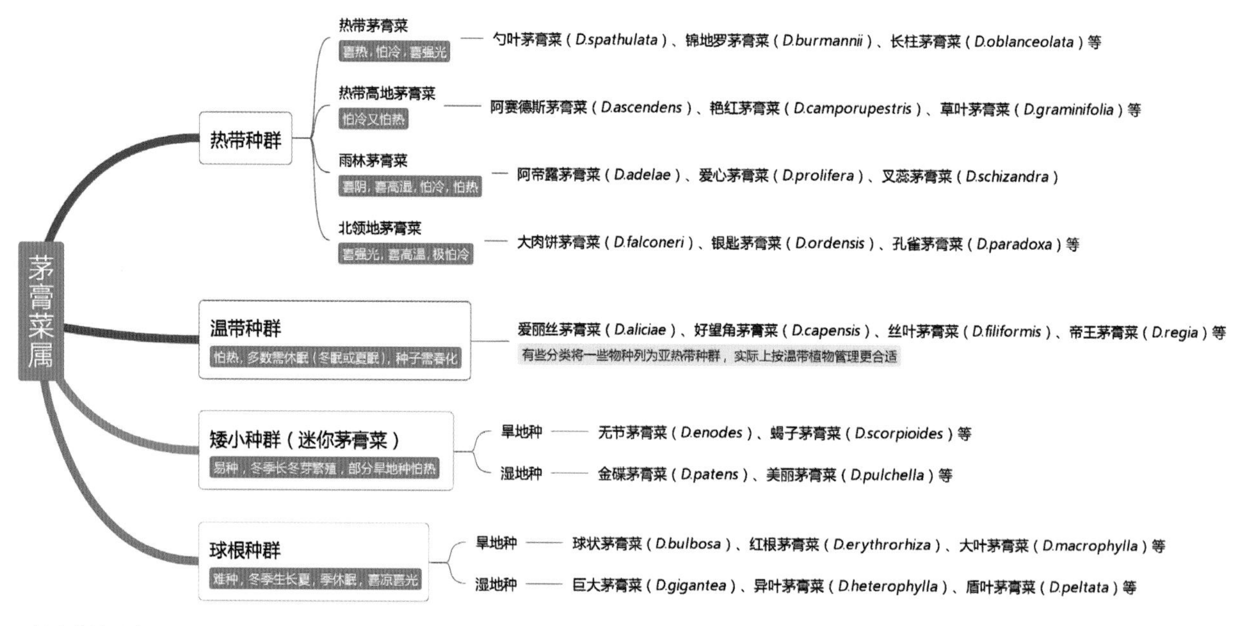

茅膏菜的分类

北领地茅膏菜

叉叶茅膏菜（多叉）*Drosera binata* var. *multifida* 的花

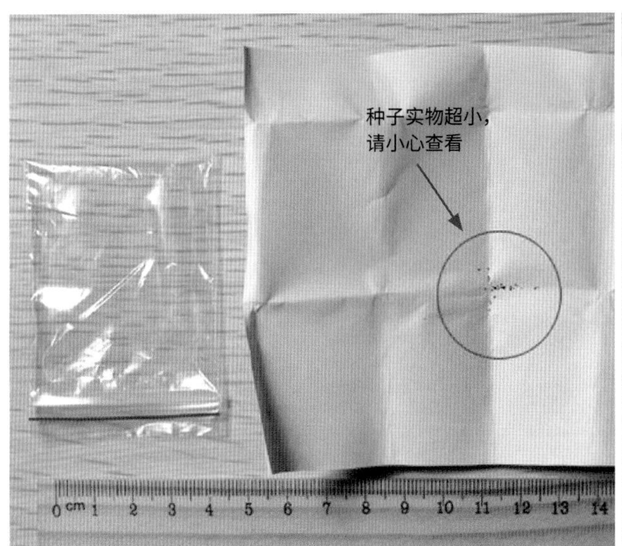

茅膏菜的种子

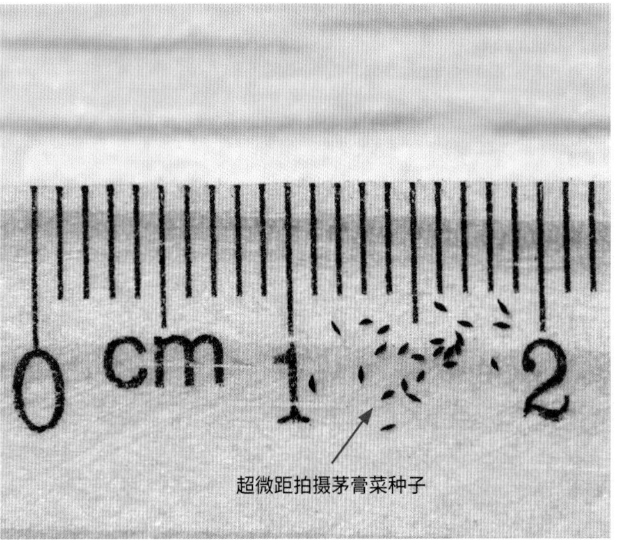

2. 茅膏菜的形态

茅膏菜为多年生或一年生草本植物，有球根或须根，多数植株矮小，高不足1厘米至十几厘米，也有少数物种可达1米左右。叶莲座状丛生或单叶互生，匙形、带形、卵圆形或线形，叶面长有许多红色、绿色或黄色的腺毛，可分泌黏液将小虫粘住。花通常多花排列成顶生或腋生的聚伞花序，一般有5片白色或粉红色花瓣，通常上午开放，下午闭合。蒴果成熟时开裂，散出细小的种子。

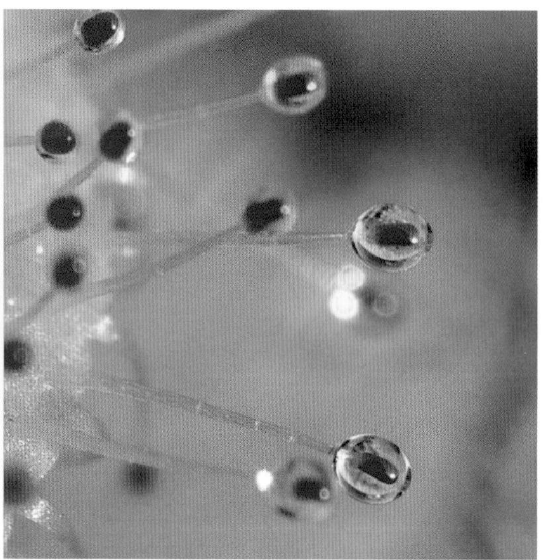

1 爱心茅膏菜 *Drosera prolifera* 捕虫
2 爱心茅膏菜腺毛特写
3 勺叶茅膏菜 *Drosera spatulata*

3. 茅膏菜的捕虫器

茅膏菜的叶上长着像露珠一样晶莹剔透的腺毛，这就是它们的捕虫器。在腺毛的顶端有一个球状体，时常呈现鲜艳的色彩，大多为红色，上面布满腺体，能分泌黏液，在光的照射下闪闪发亮，如钻石般璀璨夺目，如此精美，无法想象这就是昆虫的死亡陷阱。当昆虫经不起诱惑来吸食“露水”，或误以为是花朵来采蜜，又或不小心碰触了腺毛，会被黏液粘住，恐慌中竭力挣扎，却发现周围的腺毛一起弯过来，有的叶片也随之卷起，被粘得更牢了。腺体在猎物的刺激下会分泌消化液，无法逃脱的昆虫被其消化吸收，最后叶片和腺毛又重新展开，等待新的猎物。茅膏菜是一个弱小的种群，它们以极端的美丽闪烁在贫瘠寂静的原野，以如此独特的方式与自然抗争着。

瓶子草属

瓶子草

1. 瓶子草概述

瓶子草是一种体型相对较大、气质高雅的食虫植物，叶子呈瓶状直立或侧卧，大多颜色鲜艳，有绚丽的斑点或网纹，形态、功能和猪笼草的笼子相似，能分泌蜜汁和消化液，受蜜汁引诱的昆虫失足掉入瓶中，瓶内的消化液会把昆虫消化吸收。

瓶子草科食虫植物包括瓶子草属 (*Sarracenia*)、眼镜蛇瓶子草属 (*Darlingtonia*) 和南美瓶子草属 (*Heliamphora*)3 个属约 39 种，其中瓶子草属 15 种（含亚种），眼镜蛇瓶子草属 1 种，南美瓶子草属 23 种，仅分布于美洲大陆，多生于沼泽湿地中 (瓶子草属植物较为常见，适合国内大部分地区种植，眼镜蛇瓶子草属、南美瓶子草属对种植的温度要求较高，需要温控设备才容易存活，只在玩家圈中“流行”，将在本章“其他食虫植物”部分介绍）。

瓶子草属主要分布于美国东南沿海地区，分布地区与捕蝇草有部分重叠但更广，原生环境相似，其中紫色瓶子草分布范围较广，可一路向北经过五大湖直达加拿大东南大部分地区。

斯蒂文斯瓶子草 *Sarracenia×stevensii*

2. 瓶子草的形态

瓶子草为多年生草本植物，根状茎匍匐，须根。叶瓶状并带有顶盖，基生成莲座状叶丛，不同种类的株高从 10 厘米至 1.2 米不等。

每到春季，亭亭玉立的花梗从成年瓶子草的叶基部抽出，多数长达 30 ～ 80 厘米，顶部垂下拳头大的宫灯般艳丽花朵，具有很高的观赏价值。花中长有一个巨大的盔状柱头，花多数黄色或红色，园艺种则有更多的颜色。蒴果，内含较多细小的种子，深秋季节成熟后开裂，散出种子。

Encyclopedia
of Carnivorous
Plants

瓶子草的花

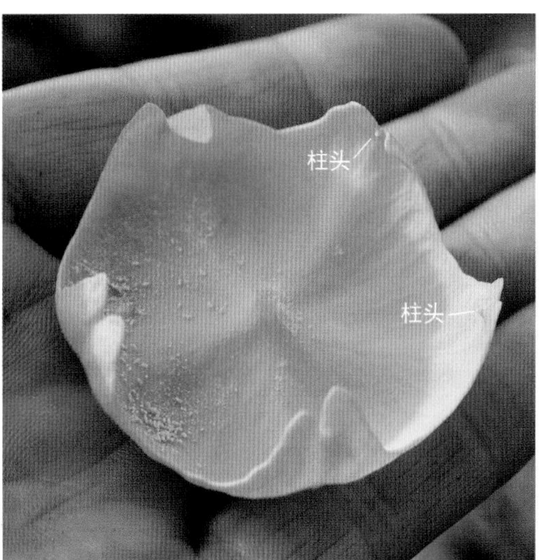

把瓶子草的花翻过来看就像是一只可爱的小乌龟！把盔状柱头摘下，就能清楚地看到柱头的授粉点和环状花蕊

花萼

种荚

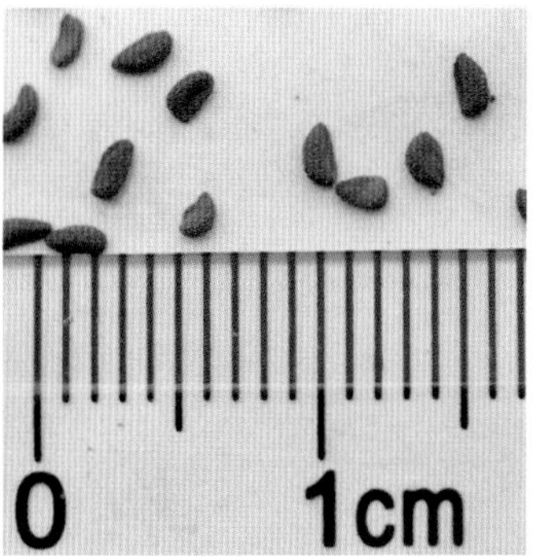

种子

每年春季的 3 月前后，气温回升至 15℃以上，瓶子草开始恢复生长，成熟的植株除小瓶子草、山地瓶子草先长叶再开花之外，其他瓶子草都会先长出花苞然后再长新叶。4 ～ 5 月是瓶子草的盛花期，原生地与国内的花期相似，这个时候是观花的好时节。即使 6 月花瓣已经凋谢，花萼也如同花瓣一样可一直保持到深秋 11 月，直到种子成熟后枯萎。

夏秋季节，山地瓶子草及个别植株遇到不利于生长的环境（如持续高温、干旱等）会长出剑形叶。

每年秋冬季的 11 月，气温降至 15℃以下，瓶子草叶片开始从顶部自上而下慢慢枯萎，把营养储存至地下粗壮的茎部。12 月气温降至 10℃以下，大部分叶片都将枯萎，进入冬季休眠状态。 也有个别园艺种在气温降至接近 0℃的低温条件下仍能保持较多的叶片。

山地瓶子草 *Sarracenia oreophila* 的剑形叶

白瓶子草 *Sarracenia leucophylla* 冬季即将进入休眠状态

查尔逊瓶子草 *Sarracenia* × *chelsonii* 冬季低温表现良好

冬季瓶子草中被冻住的昆虫

冬季雪后暖阳下的斯蒂文斯瓶子草

冬季瓶子草正经历霜冻

瓶子草的蜜汁

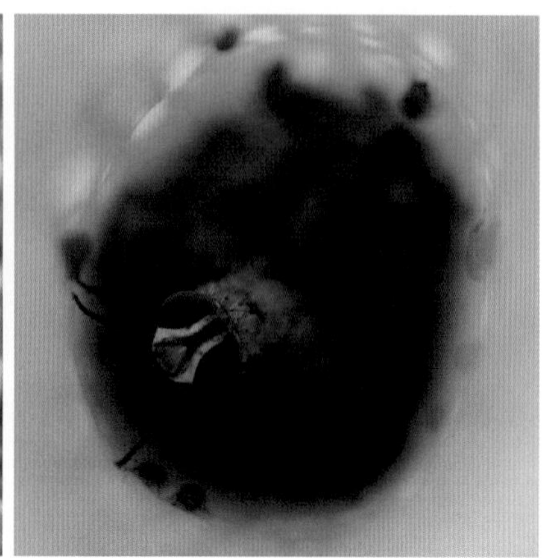
瓶子草捕获的昆虫

3. 瓶子草的捕虫器

瓶子草的瓶状叶是很有效的昆虫陷阱，捕虫量过百的瓶状叶不在少数，一株成年的瓶子草一年的捕虫量轻松过千。它们是被精心设计的美丽陷阱，超越了多数花的吸引力，它们大多色彩鲜艳，能分泌蜜汁，散发香甜的气味，昆虫无不为之疯狂！瓶子草瓶口光滑且呈喇叭状或管状，瓶盖内侧长有许多向下的刺毛，那些刺毛使昆虫误以为能够攀爬，实际却很容易跌落。瓶口、瓶盖内侧及周边能分泌蜜汁，并散发着果香，比猪笼草的蜜汁更香甜且麻醉性更强。当贪婪的昆虫被吸引来采食蜜汁，为了吃到更多蜜汁慢慢靠近瓶口的内侧或瓶盖内侧中心蜜腺的密集区域，吸食蜜汁的昆虫会被麻醉，变得反应迟钝，一不小心就跌落瓶内。有些瓶子草盖子上有白色或半透明的斑点，昆虫会将其误以为出口，飞行碰撞也会跌落瓶内。通常瓶口内侧上部是非常光滑的蜡质区，中部有密集的向下生长的刺毛区域，无法攀爬，瓶内中下部分布的消化腺可分泌消化液，但时常被雨水冲淡，昆虫溺死后被瓶内的消化液和微生物分解，变为营养后又被瓶壁吸收，最后只剩下无法分解的躯壳沉积瓶底。

捕虫堇

1. 捕虫堇概况

捕虫堇是有着柔美气质的小型食虫植物，形态就像是一朵永远盛开的花，叶上布满能分泌黏液的腺体，当有小昆虫靠近时，能像黏纸一样把它粘住，并消化吸收。

捕虫堇属于狸藻科捕虫堇属（*Pinguicula*），全属 100 多种，世界较多地区都有分布，以墨西哥最多，多数生于高山潮湿的岩壁上，部分生于湿地沼泽中，甚至也有少数附生于树干上。

捕虫堇属植物在分类学上分为3个亚属，9个组，园艺学上一般分为温带种群、亚热带种群、热带高地种群三大类。温带种群主要分布于北半球温带地区，冬季会形成水滴状休眠芽过冬，在中国大部分地区的气候条件下没有设备无法存活，且缺乏观赏性，因此在国内极少有人种植。亚热带种群主要分布于美国东南部，墨西哥湾及大西洋沿岸平原地区，冬季不会休眠，能耐0℃左右低温，樱叶捕虫堇（*Pinguicula primuliflora*）是其典型代表，非常容易种植。热带高地种群主要分布于中美洲山区，多数生长在海拔1 000米以上朝北的陡峭石灰岩岩壁上，以墨西哥捕虫堇为代表，占据了捕虫堇属约一半的物种，多数冬季会休眠，长出肥厚粗短的莲座状休眠叶，没有黏液，不会捕虫。

爱丝捕虫堇 *Pinguicula esseriana* 'Giant'

2. 捕虫堇的形态

捕虫堇为多年生草本植物（极少数为一年生），植株直径2～30厘米，根须状，有粗短的根状茎，叶基生呈莲座状，叶厚多汁。叶片的表面布满了腺体，能分泌黏液和消化液，捕捉并消化昆虫。部分冬季休眠的物种，会在低温来临时长出肥厚粗短的莲座状休眠叶或水滴状休眠芽。捕虫堇一般多季开花，甚至全年花开不断，花茎细长，一花顶生，多为紫色，也有红色、黄色或白色，花冠5裂，上2枚裂片稍短，下3枚裂片稍长，通常有距。一般多年生物种需异花授粉，蒴果卵球形，成熟时开裂并散出细小的种子。

捕虫堇植株

捕虫堇的花

捕虫堇冬季休眠状态（休眠芽）

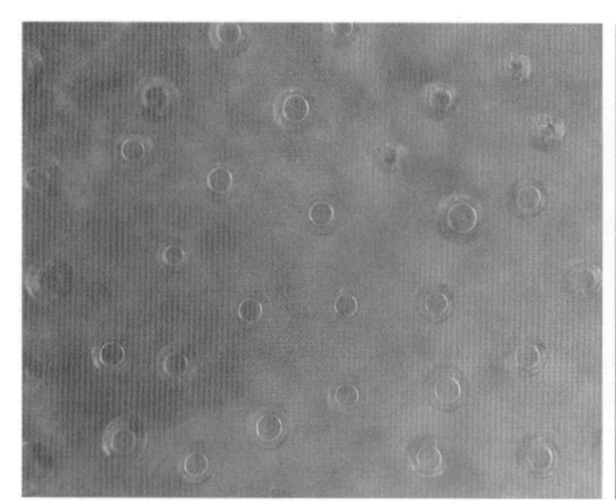

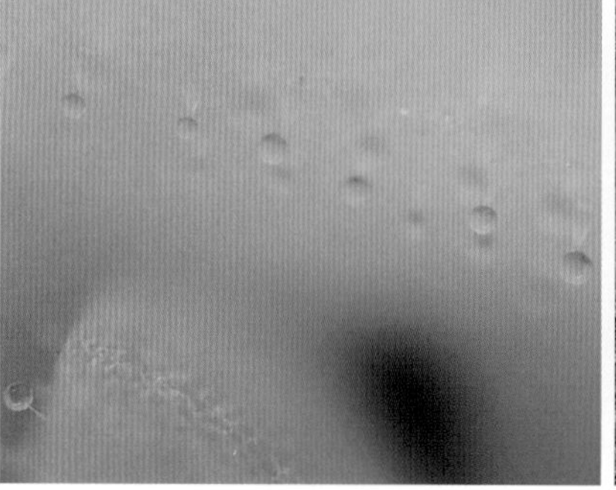

捕虫堇叶片上的黏液

章鱼捕虫堇 *Pinguicula*×[(*heterophylla*×*medusina*) ×*gigantea*] 叶片布满被粘住的小黑飞

3. 捕虫堇的捕虫器

在捕虫堇的叶片表面密布着两种腺体，一种是带短柄的腺体，它能分泌黏液粘捕昆虫；另一种是无柄的腺体，它专门分泌消化液，将捕获的昆虫消化吸收。部分捕虫堇像花一样艳丽，阳光下闪闪发亮的黏液，以及散发出的蘑菇香味都能吸引昆虫，当蚂蚁、蚊子等小昆虫来到叶片上时，会被粘在上面，只需短短几分钟，无柄的腺体就开始分泌消化液。消化液除了帮助分解猎物以外，还具有杀菌的作用，防止猎物在消化的过程中发生腐败。如果粘住的昆虫较大，会刺激腺体分泌大量消化液，将猎物泡在消化液中。有些物种叶片的边缘也会稍稍向内卷起，以便更好地与猎物接触，防止它们逃脱并促进消化吸收，但叶片的运动速度相当缓慢，往往需要几小时。

食虫植物-捕虫堇 生物防治运用

防治对象：黑飞、蚊子、粉虱、小果蝇等。

番茄基地实测：单位面积捕虫量是黄板的10倍！

苹果捕虫堇应用于生物防治

狸藻

1. 狸藻概况

狸藻是具有可活动囊状捕虫结构的小型食虫植物，能将小生物吸入囊中，并消化吸收。狸藻种类众多，形态各异，一般都成片生长在湿地，或漂浮在池塘的水中，甚至长在热带雨林中布满苔藓的树干上，多数有漫长的花期，会开出成片可爱的小花。

狸藻科（Lentibulariaceae）食虫植物包括狸藻属（*Utricularia*）、螺旋狸藻属（*Genlisea*）、捕虫堇属（*Pinguicula*）3 属约 377 种，其中狸藻属约有 247 种，世界大部分地区都有分布。狸藻属在植物学上分成 3 个亚属、33 个组，分类太过于复杂。园艺学上一般按其生长习性可分为陆生狸藻、水生狸藻和附生狸藻三大类，一些陆生的物种也能适应半水生的环境，陆生狸藻约占总数的 80%，水生狸藻约占 15%，其他为附生狸藻。

禾叶狸藻 *Utricularia graminifolia*

2. 狸藻的形态

狸藻为多年生草本植物（少数为一年生），可生于池塘、沟渠、湿地、热带雨林的树干上等。狸藻具有较长的匍匐枝，无根，叶轮生或单叶生于匍匐枝上，水生狸藻叶呈丝状，多有分叉，捕虫囊生于匍匐枝或叶的基部。花茎细长，总状花序或一花顶生，花冠二唇形，基部多有距。蒴果球形，成熟时开裂散出细小的种子。

个别陆生或附生种有膨大的球茎，用于储存水分和营养，以便抵抗干旱等恶劣环境。

一些水生种会在冬季低温来临时在顶芽处长出茸毛包裹的球状冬芽，成熟后脱落沉入水底，等春天回暖后上浮重新开始生长，以这样的方式抵抗寒冬。

长叶狸藻 *Utricularia longifolia*

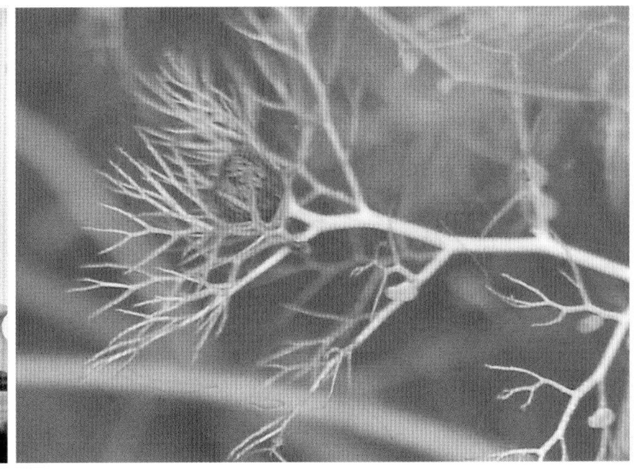

水生狸藻的球状冬芽

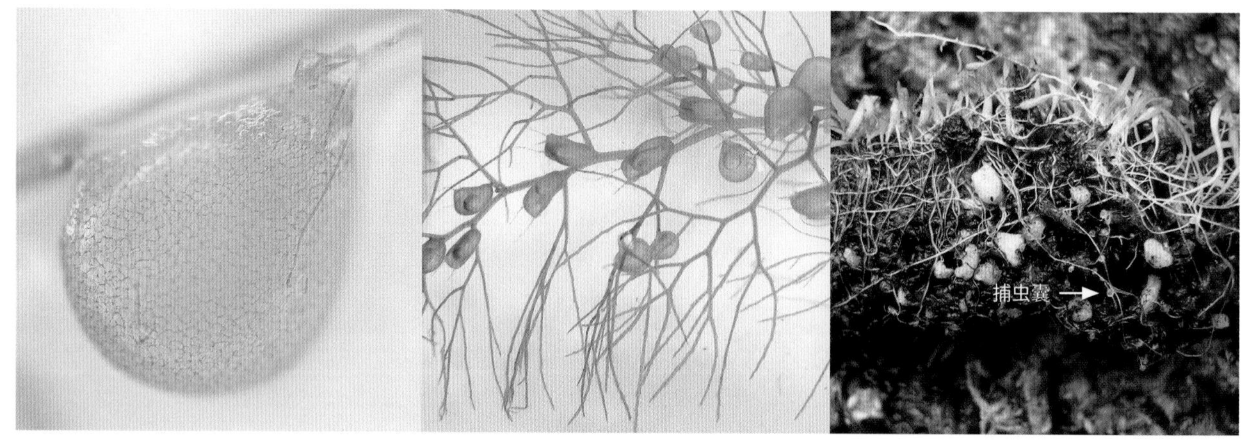

水生狸藻的捕虫囊

陆生狸藻的捕虫囊藏在土中或延伸到水中

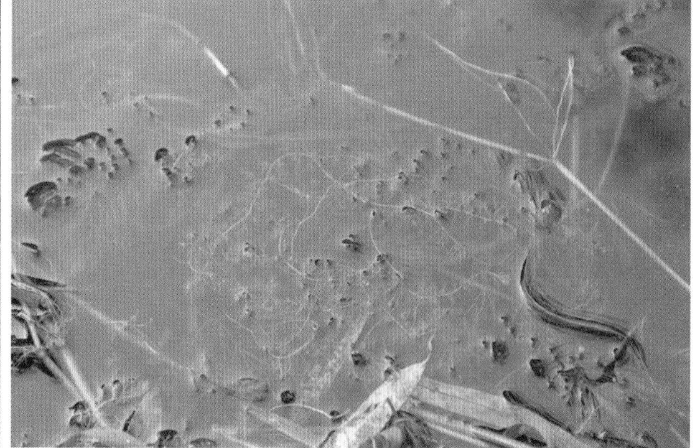

原先有水生狸藻分布的多个池塘、河流，
在第二年去看的时候往往就没有了，让人很失望……

3. 狸藻的捕虫器

狸藻的捕虫囊生于匍匐枝或叶的基部，多数呈扁球形半透明状，直径 0.25 ～ 10 毫米。捕虫囊开口周围长有触角，用以吸引小生物，并有一定的导向作用，将猎物引导到捕虫囊口。捕虫囊开口处有可以开合的膜瓣，膜瓣的外侧长有感应毛。当水蚤、孑孓（蚊子的幼虫）等小动物为寻找庇护或被捕虫囊分泌的蜜汁所吸引来到捕虫囊口，一旦碰触了感应毛，原本半瘪的捕虫囊迅速鼓起，形成一股强大的吸力，同时打开膜瓣，将囊口的水流连同猎物一起吸入囊中，并迅速关上膜瓣，整个过程最快只需约 0.01 秒。这时捕虫囊开始分泌消化液，细菌也会对营养的分解有较大的帮助，猎物被消化一般需要几小时至数天，营养被捕虫囊壁吸收，多余的水也被排出，捕虫囊又恢复原状等待下一个猎物。两次捕猎过程最快只需间隔 15 分钟，多次捕猎后剩下的残渣会在捕虫囊内积累，使其颜色逐渐变暗，最终腐烂脱落。

眼镜蛇瓶子草幼瓶

其他食虫植物

1. 眼镜蛇瓶子草

眼镜蛇瓶子草是一种知名的食虫植物，因长得酷似眼镜蛇而得名，捕虫方式和瓶子草类似，因种植要求较高，只在玩家中流行。

眼镜蛇瓶子草属瓶子草科眼镜蛇属 (*Darlingtonia*)，全属仅 1 种，原产美国西部沿海、俄勒冈州西部山区及加利福尼亚州北部高地，生长在终年有冰凉地下水流经的坡地沼泽中。在夏季，一些地区白天的最高温度可达 35℃，然而，根部由于流经地下水的作用很少超过 20℃，源源不断的冷水似乎对眼镜蛇瓶子草的生长至关重要。分布范围上，很多栖息地表现出惊人的相似性，这样特殊的环境使眼镜蛇瓶子草不断繁衍生息。

眼镜蛇瓶子草为多年生草本植物，根状茎匍匐，须根，叶瓶状基生成莲座状叶丛，叶的顶部形成一个圆球状的空腔，腔体下侧开口，并长有鱼尾状的附属物从开口的前缘向下突出，形似眼镜蛇的蛇信。瓶口及附属物周围能分泌香甜的蜜汁吸引昆虫，附属物部分也方便昆虫驻足取食，顶部圆球状的腔体分布着许多半透明的白色斑点，类似"天窗"，以引诱、迷惑虫子，好像在说："这里是出口。"眼镜蛇瓶子草内壁也有类似瓶子草的蜡质区、向下刺毛区域，昆虫为了取食更多蜜汁，进入瓶口，一旦进入就会迷失方向，失足跌落到瓶底。眼镜蛇瓶子草没有消化腺，但能分泌特殊的液体溺死猎物，依靠蠕虫、原生动物、细菌等生物帮助其分解猎物，从中吸收营养。

原生环境下成年眼镜蛇瓶子草一般高 40 ～ 60 厘米，在一些弱光条件下也可达 1 米。由于根部极端不耐高温，人工种植时，在夏季，植株可能今天还好好的，明天就突然烂茎，叶片脱水，无法救治。种植眼镜蛇瓶子草极有挑战性，其是较难栽培的食虫植物之一。眼镜蛇瓶子草需要较高的昼夜温差及根部的低温。一般玩家以养高地猪笼草的方式种植，因为达不到原生地的环境条件，人工种植成株一般株高不超过 15 厘米。

眼镜蛇瓶子草成熟瓶

眼镜蛇瓶子草的花

太阳瓶子草的幼瓶

太阳瓶子草的成熟瓶

溢流口

2. 太阳瓶子草

太阳瓶子草是产自南美洲热带高原的喇叭状食虫植物，形态、捕虫方式和瓶子草类似，顶盖小呈匙状，种植要求和高地猪笼草相似。

太阳瓶子草属瓶子草科南美瓶子草属（*Heliamphora*），全属23种，原产南美洲委内瑞拉、巴西、圭亚那交界的圭亚那高地沼泽，多数位于委内瑞拉境内。

在南美洲的热带雨林，气势磅礴地耸立着百余座千米之上的“天空之城”——平顶山，那里云雾缭绕，雨水连绵，没有高大植物，多低矮草本，全年气温 8 ～ 20℃，年降水量超 2 000 毫米，为太阳瓶子草造就了独特的生态环境。

太阳瓶子草为多年生草本植物，根状茎，须根，叶喇叭状，呈绿色或红色，基生，多数呈莲座状叶丛，叶片厚而脆，易折。不同种类的株高为 15 ～ 200 厘米。太阳瓶子草二型叶，幼苗期和成熟期叶型有差异。

太阳瓶子草的花

强健的太阳瓶子草杂交种

太阳瓶子草顶盖比瓶子草属小很多，呈匙状，不能阻挡雨水，其喇叭口前侧，多数在叶片融合处的中上方演化出一个裂缝状的排水口，下雨时多余的水可以从这个排水口溢出，又能防止猎物逃逸，真是一个绝妙的设计！

成年的太阳瓶子草会不定期从叶基部抽出花茎，呈总状花序，常高于叶片，花朵下垂，花萼 4～6 片，形似花瓣，白色、绿色或粉色，无花瓣。种子繁殖需要人工授粉，花粉不易取得，需使用定音叉等通过共振的方法将花粉振落。蒴果，内含多数细小的种子，成熟后开裂散出种子。

太阳瓶子草顶盖也被称为“花蜜匙”，内侧能分泌蜜汁吸引昆虫，瓶口喇叭状，内侧多数密布向下的细毛（个别光滑），取食的昆虫极易滑落到瓶内的水中溺死。植株在细菌等生物帮助下分解猎物，从中吸收营养（个别种如泰特太阳瓶子草 *heliamphora tatei* 已被发现能产生消化酶）。太阳瓶子草原生地人迹罕至，考察极其艰难，对于太阳瓶子草的研究远远没有结束。

貉藻

3. 貉藻

貉藻（*Aldrovanda vesiculosa*）是一种稀有的食虫植物，属于茅膏菜科貉藻属，全属仅 1 种，和捕蝇草同科，可以说就是水中的捕蝇草，二者在形态和捕虫方式上都非常相似。貉藻分布在欧洲、亚洲、非洲、大洋洲，我国黑龙江省也有分布，生长于河流、沼泽和池塘等水域，它是分布最广的一种食虫植物，却是一个濒危物种。因为它对水质和温度的要求很高，环境的破坏导致它的生存空间越来越小，而人工栽培的难度很大，因此越来越稀少。

貉藻和大部分水生狸藻一样，属于无根的漂浮植物，靠捕捉一些水蚤等小型水生动物补充营养。貉藻长约 10 厘米，叶围绕主茎轴 6 ～ 9 片轮生，每 1 ～ 2 厘米一轮，叶长约 1 厘米。每一个呈轮生的叶柄末端，有数根须状叶和贝壳状的捕虫夹，捕虫夹通常呈半透明的绿色，约 3 毫米大小。在两瓣捕虫夹的边缘，约有 30 对向捕虫夹内侧生长的细毛，这些细毛在捕虫夹关闭的瞬间，可以阻挡猎物随水流逃走。在貉藻捕虫夹最内侧的底部，长有约 40 根长 1 毫米的感觉毛，这些感觉毛便是闭合捕虫夹的“机关”，当猎物触动感觉毛时捕虫夹便会瞬间闭合，最快只需 0.01 秒。随后捕虫夹不断挤压，夹子内的水被排出，然后猎物便会窒息而死。猎物挣扎会刺激貉藻分泌消化液，将其分解吸收。

在原生地，寒冬到来之前，貉藻的生长点便会放缓生长，并长出茸毛包裹的球状冬芽，这些冬芽会沉入相对温暖些的水底，也让貉藻可以在 -15℃的寒冬保存其种群。当春季水温升到 10℃时，那些冬芽便会漂浮到相对温暖的水面，开始发芽。这与一些有休眠习性的水生狸藻非常相似。

土瓶草

4. 土瓶草

土瓶草（*Cephalotus follicularis*）属于土瓶草科土瓶草属，全属仅一种，产自澳大利亚西南部沿海地区。土瓶草生有二型叶，一种形态和普通叶片一样只能进行光合作用；另一种为捕虫用的瓶罐形特化叶子，一般成株捕虫瓶高 3 ～ 5 厘米。捕虫方式和猪笼草相似，通过鲜艳的颜色和瓶口分泌的蜜汁引诱昆虫，使其不小心滑入含有消化液的瓶内，昆虫被消化后营养被瓶壁吸收。瓶子上面的盖子可以防止雨水进入稀释消化液，盖子上有半透明的白色斑块，类似“天窗”，以迷惑昆虫，好像在说：“这里是出口。”这和眼镜蛇瓶子草、小瓶子草非常相似。

小布洛食虫凤梨

贝尔特罗嘉宝凤梨

5. 食虫凤梨

食虫凤梨也属于积水凤梨，产自美洲地区，叶片直立卷曲围成桶状，能储存雨水，“水槽”中散发着一种类似花蜜的香气来吸引昆虫，叶片表面布满非常滑的白色蜡质粉末，当昆虫不小心跌落水中，就会被酸性消化液（小布洛食虫凤梨“水槽”液体pH 低至 3，强酸性物质，但下雨的时候会被稀释）和微生物分解成为植物生长所需的营养，然后被吸收利用。其中小布洛食虫凤梨（*Brocchinia reducta*）和布洛食虫凤梨（*Brocchinia hechtioides*）被普遍认为是食虫植物，还有一种贝尔特罗嘉宝凤梨（*Catopsis berteroniana*）目前还没有确认是否能够分泌消化酶，但据研究观察确实比其他普通积水凤梨更能抓虫，能从捕获的昆虫中间接获得营养。

螺旋狸藻 *Genlisea lobata*×*violacea* G6

“人”字形螺旋状中空的“根”

6. 螺旋狸藻

螺旋狸藻属于狸藻科螺旋狸藻属（*Genlisea*），共有约 30 种，分布于非洲、南美洲和中美洲，它们大多生长于沼泽湿地或浅水中。螺旋狸藻的形态与一些矮小的狸藻相似，叶片从地下茎长出，平贴地面，多为水滴形，长 0.5 ～ 5 厘米，地下的捕虫器为它的变态叶，没有根。

螺旋狸藻具有独特的“人”字形螺旋状中空的“根”，类似一长串“虾笼”，可以捕捉微小动物。螺旋狸藻的捕猎是在地下或水下完成的，主要以水中和泥土中的线虫等微小动物为食，当这些小动物们进入它精巧的陷阱里，便再无生还的可能。其由叶片特化成“人”字形捕虫器，下半部分有螺旋状的开口，当有猎物爬入会因内部向上的一圈圈细毛阻挡而只能向上活动，另有研究表明捕虫器囊壁不断从陷阱中抽吸液体，也促使猎物被吸入陷阱内部。这两个通道汇合到一起，一直通往上面一个膨大的囊中，而这个囊相当于它的“胃”，猎物在这里被消化成植物可吸收的营养物质。

丝叶彩虹草 *Byblis filifolia*

7. 彩虹草

彩虹草属于腺毛草科（Byblidaceae）腺毛草属（*Byblis*），全属 8 种，分布在澳大利亚西部和北部的新几内亚岛南部，多生于季节性沼泽中。彩虹草为一年生或多年生草本植物，生长较快，株高 15 ～ 70 厘米，不耐移植，一般采用播种繁殖。彩虹草与茅膏菜非常类似，也是依靠腺毛黏液捕虫，其黏性较强，但腺毛不像多数茅膏菜一样会弯曲，却能捕获苍蝇、飞蛾等稍大的昆虫。彩虹草是一种美丽而精致的食虫植物，有着优雅的花朵，群栽时，在早晨光线的折射下，腺毛上的黏液会产生如同彩虹般绚丽的光彩！

露松的花

8. 露松

露松（*Drosophyllum lusitanicum*）属于露叶科（Drosophyllaceae）露松属，全属仅1种，产自葡萄牙、西班牙、摩洛哥，形态与丝叶茅膏菜相似，不同的是茅膏菜分泌黏液及消化吸收由一种腺毛完成，但露松有两种腺毛，有柄腺毛负责分泌黏液捕捉昆虫，腺毛不能像茅膏菜一样弯曲，无柄腺毛负责消化吸收。露松能在干旱环境下生存，且腺毛依然能保持充足的黏液，黏性也比茅膏菜更强，还能散发蜂蜜般香甜的气味。株高可达60厘米，不耐移植，一般采用播种繁殖，生长较快，夏季高温特别怕湿怕闷，一旦出现状况为时已晚。

露松

丹波花柱草 *Stylidium debile*

9. 花柱草

花柱草是一种非常有趣的植物，花的雄蕊与花柱合生成柱，并向下弯曲于花瓣下方，当昆虫来采蜜时，会以极快的速度弹出“暴打”昆虫，这就像老鼠夹被触发一样，可怜的昆虫都不清楚怎么回事，被突如其来的“棍棒”爆头，受到惊吓的昆虫还在眩晕之中便慌忙飞向另一朵花，结果……，重复爆头……，昆虫懵了……。竟有如此有趣的植物！花柱草就是以这样奇特的方式帮助自身授粉。在花柱草的花茎、花萼、花瓣背侧等部位有类似茅膏菜的腺毛，腺毛顶部有红色腺体，能分泌黏液及消化液，可捕食昆虫，但捕虫能力较弱。

通常情况下，合蕊柱从花中心伸出，并向下弯曲成一个倒 U 形，当昆虫来采蜜时，合蕊柱受到机械刺激，便以一定角度在 10 ～ 20 毫秒内弹出，因此花柱草又称扳机植物。经过几分钟至半小时后恢复到初始位置。触发速度除与自身因素有关以外，还与

丹波花柱草 *Stylidium debile*

长柄花柱草 *Stylidium petiolare*

长柄花柱草的花

外界环境因素如温度、光照等有较大关系，温度高、光照强，反应就快。合蕊柱运动是由一个位于合蕊柱弯曲部位的运动组织引起，这个运动组织受到刺激后形状便发生改变。在合蕊柱触发过程中合蕊柱头就会与昆虫接触，由于雄蕊与柱头成熟时间不同，这样有利于避免自花授粉，雄蕊首先成熟，合蕊柱头在与昆虫接触时把花粉沾到昆虫上，之后柱头成熟，在接下来合蕊柱触发过程中柱头又会接收到昆虫带来的花粉。

花柱草属于花柱草科（Stylidiaceae）花柱草属 (*Stylidium*)，约有 300 种，主要分布在澳大利亚西南部及亚洲热带地区，中国南部也有 2 种分布，分别为花柱草（*Stylidium uliginosum*）和狭叶花柱草（*Stylidium tenellum*）。

花柱草属植物多为多年生草本，少数为一年生草本或亚灌木，株高从几厘米到 1.8 米不等。单叶，对生、互生或簇生于茎上，或基生呈莲座状排列。花两性，单生，或左右对称，罕为辐射对称，组成总状花序、聚伞花序或疏穗状花序。雄蕊 2 枚，与花柱合生成柱，称为合蕊柱，顶部初时下弯，触之有弹力，花药 2 室；子房下位，2 室或在基部 1 室，每室有胚珠多颗。蒴果，种子多数，有肉质胚乳。

花柱草是一种非常奇特的植物，希望有更多人来关注，种植也非常简单，它们可以称作“食虫植物中的杂草”。

美杜莎捕虫树

10. 捕虫树

捕虫树是原产南非地区的罕见食虫植物，属木本灌木，高可达 1.5 ～ 2.5 米，叶上长有腺毛，能分泌超强的黏液粘住昆虫甚至鸟类。

捕虫树分泌的黏液黏性极强，它们和其他粘捕式的食虫植物有很大不同，其他食虫植物分泌的黏液是水性的，可以溶解在水里，下雨的时候会被稀释或流失，而捕虫树分泌的黏液是树脂，属油性，不溶于水，也有更强的黏性，即便叶片干枯脱落时还有黏性，类似松脂。

捕虫树属于捕虫树科（Roridulaceae）捕虫树属（*Roridula*），是唯一的木本食虫植物，有锯齿捕虫树（*Roridula dentata*）和美杜莎捕虫树（*Roridula gorgonias*）2 种。捕虫树通过叶上的腺体分泌的黏液捕捉昆虫，腺毛不能弯曲，也不能分泌消化酶将猎物分解，而是通过有共生关系的昆虫——刺蝽等间接来获取养分。刺蝽的体表有一层厚厚的油膜，可以在捕虫树布满黏液的枝叶间穿行而不被粘住，“享用”捕虫树捕获的昆虫，它们像蚊子一样，将刺吸式口器扎入昆虫体内吸食体液，而它们排出的粪便就成了捕虫树可以吸收的肥料。

锯齿捕虫树

捕虫树仅原产于南非开普省西南角，亚热带地中海气候区（夏季炎热干燥、冬季温和多雨）。该地区经常发生山火，没有高大的树木，只有一些稀疏的小灌木丛。捕虫树在原生地基本都是在全日照的环境下生长，它们的种子能保存好几年，而且往往在山火刺激之后才发芽。美杜莎捕虫树多生长在凉爽湿润的沿海地区，锯齿捕虫树则生长在相对较热，干燥且贫瘠的内陆山区。

捕虫树虽然不能分泌消化酶消化猎物，但它们通过有共生关系的昆虫间接获得营养，严格来说它只能算是捕虫植物。但也有观点认为，只要能捕虫，且能从中直接或间接获取营养促进其生长的植物，都可以称作食虫植物。不管黑猫、白猫，只要能抓老鼠都是好猫！对于眼镜蛇瓶子草、部分太阳瓶子草等目前研究还未发现消化酶的一些“食虫植物”将不再为难，以这样的定义，食虫植物今后将有更多的发现与扩展。

11. 穗叶藤

穗叶藤是一种大型的藤本食虫植物，藤蔓可长达数十米，属于双钩叶科（Dioncophyllaceae）穗叶藤属，仅盾籽穗叶藤（*Triphyophyllum peltatum*）一种，产自非洲西部热带地区。在其一生中会长出 3 种形态的叶片：幼苗期呈波浪状的梭形叶片，此时植株呈莲座状生长，茎节短；当株径长到约 30 厘米时会长出一些叶片短小、叶尖类似露松的鞭状捕虫叶，直立于空中，上面长有腺毛布满黏液，能将昆虫粘住并消化吸收；经过短暂的捕虫期后，开始长出长长的茎节，在梭形叶片的叶尖长出两个“钩子”便于钩住附着物，开始攀缘生长，在其藤蔓长出的新分枝上，偶尔也会再次长出鞭状捕虫叶。

谷精草科植物

盾籽穗叶藤的种子被一层盾形硬质外壳包裹，所以称为“盾籽穗叶藤”，种子周围还有一圈伞状的褐色薄膜，待成熟后便可随风飘走。穗叶藤是极其罕见的食虫植物，国内还没人收藏。

12. 菲尔科西亚草

菲尔科西亚草属于车前草科（Plantaginaceae）菲尔科西亚属（*Philcoxia*），该属共 7 种，产自巴西的热带高原地区，生长在植被稀少的白色细石英砂组成的沙地里。地上部分只能看到呈“之”字形直立生长的细长花茎，高 10 ～ 30 厘米，开白紫色花。地下有肉质根茎或块茎，根较少扎入土壤深处。在其地下茎长出许多扭曲而细长白色的叶柄，这些叶柄在接近沙子表面时，在叶柄顶端长出 2 ～ 7 毫米大的肉质盾形捕虫叶，在半透明的石英砂下隐约可见。这些叶片虽然被一层细石英砂所覆盖，但因石英砂具透光性，叶片仍然可以接受阳光的照射而呈现绿色。这些叶片上布满了能分泌黏液的小腺体，能粘住过往的线虫等微小动物。

菲尔科西亚草竟然以线虫为捕猎对象，一般人恐怕无法享受喂食的乐趣了，且原生环境复杂，种植也非易事，只能作为一类罕见的食虫植物让大家了解一下了。

13. 食虫谷精草

食虫谷精草属于谷精草科（Eriocaulaceae）食虫谷精草属（*Paepalanthus*），它们与凤梨科植物有亲缘关系，叶片莲座状排列，叶心能储存雨水，捕虫方式和食虫凤梨相似。食虫谷精草原产于巴西，在那里它和食虫凤梨一起生长，在食虫谷精草叶片中心的“中央水池”里发现了一些死昆虫，还未证实能否分泌消化酶，暂且把它们归类于捕虫植物，还有待进一步研究。

黄花单角胡麻 *Ibicella lutea* 的种荚

14. 恶魔之爪

恶魔之爪是一个臭名昭著的植物，是指角胡麻科（Martyniaceae）单角胡麻属（*Ibicella*）和长角胡麻属（*Proboscidea*）植物，俗称来源于其奇特的种荚，种荚成熟后犹如魔鬼的利爪，可附着在经过的大型动物身上，其通过这种方式散播种子（在美国南部，原住民也会用它制作篮子，或者把未成熟的幼果制成酱瓜作为美味佳肴）。

恶魔之爪，一年生或多年生草本植物，捕虫方式类似于捕虫堇，在植物的表面长有很短的腺毛，能分泌树脂状黏液，且能散发出难闻的腐臭气味吸引昆虫，昆虫一旦接触到上面的黏液就会被粘住无法挣脱。其不能产生消化酶，也没有证据证明它们可以间接获得营养促进其生长，所以恶魔之爪只能归类于捕虫植物。

恶魔之爪原产南美洲，现已传播至美国、澳大利亚等国家，成为当地的“杂草”，如果您想尝试种植这种魔鬼植物，请种植在可控范围内，禁止散播至野外，以免成为入侵物种破坏生态。

15. 黏菖蒲

西洋黏菖蒲（*Triantha occidentalis*）是 2021 年最新发现的一种食虫植物，在它的花茎上长着能分泌黏液的腺毛，可以捕捉蚊子等小飞虫，也已被证实它能分泌消化酶，且能吸收捕获猎物的营养。它对猎物有高度选择性，只能捕捉小型飞虫，而帮助其授粉的蜜蜂、蝴蝶等体型稍大的昆虫则不在它的捕猎范围。

西洋黏菖蒲是泽泻目岩菖蒲科 (Tofieldiaceae) 黏菖蒲属（*Triantha*）单子叶植物，产自北美洲西部湿地沼泽中，夏季开花，花茎高 10 ～ 80 厘米，只在花茎分泌能粘住昆虫的黏液，所以它的捕虫具有季节性，但它开辟了一个全新的领域，为食虫植物界增添了新的科目，期待在这个新的领域有更多发现！

Encyclopedia
of Carnivorous
Plants

第二部分

食虫植物的捕虫方式

人类在生存和繁衍的过程中，为了获得更多的食物或更好的生活，发明了很多捕猎工具，从简单的棍棒击杀到捕获陆地动物的陷阱、捕兽夹，从水里捕捉鱼虾的虾笼、渔网，再到平常生活中常用的老鼠夹、粘虫纸等。其实早在人类文明出现之前，在植物界已经有了类似的捕猎工具，食虫植物的狩猎本领超出了人们对植物的认知，设计的精妙让人为之赞叹，就连顶尖的一些科研机构都在研究食虫植物的捕虫结构。

在土壤贫瘠地区生长的植物往往植株矮小、生长缓慢，有些植物为了获得更多的养分演化出发达的根系，而食虫植物竟然以昆虫等动物为食来补充营养。大家一般认为植物是食物链的底层，食虫植物却为植物界争了口气，下面来看看食虫植物是用什么方式来捕虫的。纵观各类食虫植物，它们的捕虫方式一般有以下五种：陷阱式、捕兽夹式、粘捕式、虾笼式、吸入式。

一、陷阱式

陷阱式食虫植物包括猪笼草、瓶子草、眼镜蛇瓶子草、太阳瓶子草、土瓶草、食虫凤梨、食虫谷精草。以猪笼草和瓶子草最为典型，拥有这种捕虫方式的食虫植物叶片都有瓶状或桶状结构的捕虫器，通过颜色（除了可见光，一些植物会显现人类看不到但昆虫能够看到的光波来定向吸引猎物）、气味、蜜汁来吸引昆虫，捕虫器口缘非常容易滑落，掉落后无法爬出，等待消化液或微生物将猎物分解，由此产生的氮素等营养成分被植物吸收利用。

猪笼草的瓶口光滑且有一道道向内的导向凹槽

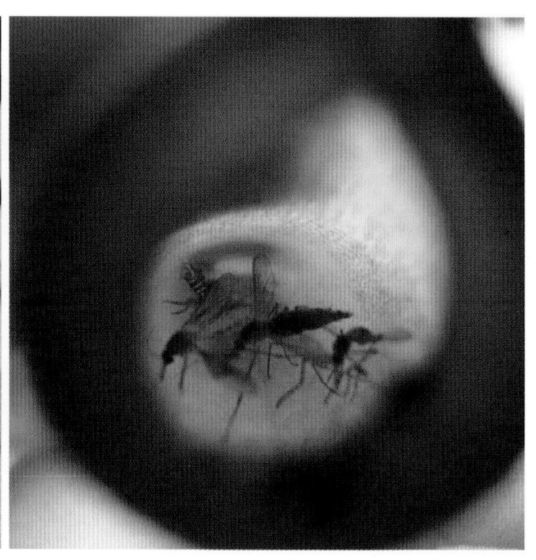

猪笼草捕获的蚊子

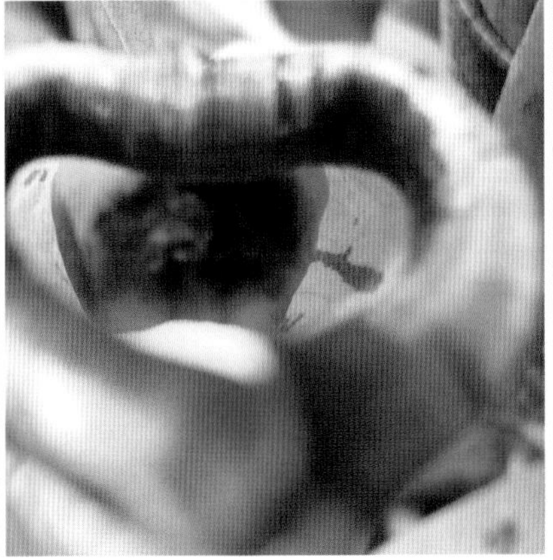

绯红猪笼草 *Nepenthes×coccinea* 捕获的蚂蚁

食虫植物为了吸引昆虫，分泌的蜜汁一般也不只含有蜜糖，还耍了小心机，加了某种“小药”，会使其麻痹，就像人喝醉了一样，行动跌跌撞撞。如果说猪笼草蜜汁相当于啤酒的话，瓶子草的蜜汁就相当于白酒，如果猪笼草和瓶子草种在一起，往往瓶子草能捕获更多昆虫。

二、捕兽夹式

捕兽夹式食虫植物包括捕蝇草、貉藻。这种捕虫方式最为奇特，它们具有可开合的“夹子”，并具有特殊的触发装置，甚至还能计算时间和碰触次数，比人类的捕兽夹更为复杂。对于没接触过食虫植物的小伙伴们来说第一次见到这种捕虫方式会被“震惊”。现在捕蝇草成了最流行的食虫植物。

捕蝇草捕食昆虫

赛佛士捕虫堇捕获的蚊子 *Pinguicula* x 'Sethos'

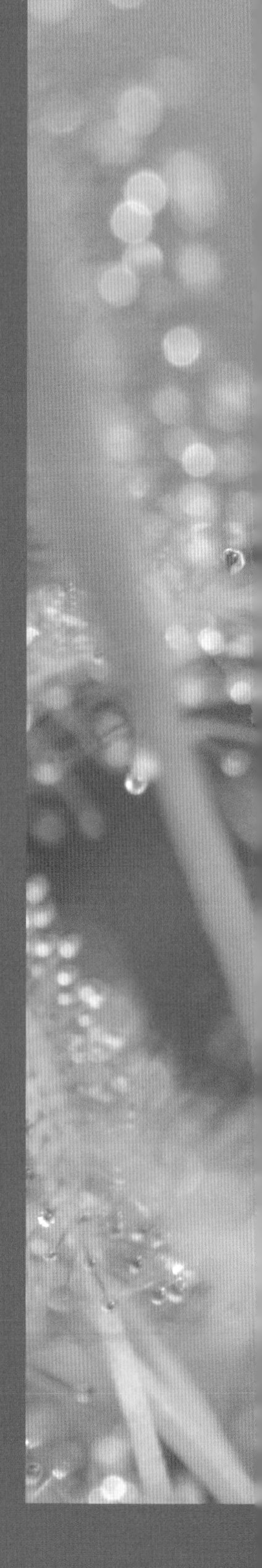

三、粘捕式

粘捕式食虫植物包括茅膏菜、捕虫堇、彩虹草、露松、花柱草、穗叶藤、菲尔科西亚草、捕虫树、黏菖蒲。以茅膏菜和捕虫堇最为典型，拥有这种捕虫方式的食虫植物依靠叶上分泌的黏液困住猎物，多数由消化液进行分解，再吸收其营养。粘捕式捕虫方式相对于其他方式结构简单，应该是最容易演化出来的捕虫结构，对于粘捕小型昆虫非常有效，被最多的食虫植物所采用。

好望角茅膏菜是为数不多的能够捕获苍蝇、飞蛾等稍大型昆虫的茅膏菜，当捕到猎物后叶片会卷起，使更多黏液接触到猎物，防止其逃脱，也方便更有效地消化猎物。

捕虫堇擅长捕捉蚊子、小黑飞，效果非常好，但很难捕捉更大型的昆虫，偶尔捕获几个小果蝇已经是极限。

好望角茅膏菜（白）

鹦鹉瓶子草

鹦鹉瓶子草的管状叶

鹦鹉瓶子草的管状叶片内布满刺毛

螺旋狸藻

四、虾笼式

虾笼式食虫植物包括鹦鹉瓶子草、眼镜蛇瓶子草、螺旋狸藻。它们具有开阔的口缘，方便猎物进入窄小单向通行的通道，只进不出，直至进入陷阱的最深处。

鹦鹉瓶子草（*Sarracenia psittacina*）是瓶子草科里的特例，形态和捕虫方式上区别于其他任何瓶子草，它的名字来源于其酷似鹦鹉头部的叶片。鹦鹉瓶子草一般贴地或斜展生长，它的叶片更像一个虾笼，瓶口呈漏斗状，瓶子内壁上长有许多朝向根茎部的刺毛，瓶子上有白色斑点，以迷惑猎物使其误以为是出口。一些爬虫一旦进入，就会被瓶内独特的构造困住，进入一个越来越窄、密布倒刺的管子，无法逃脱。在原生地，雨季时往往植物会被浸泡在水中，此时水中的小型节肢动物、鱼类或蝌蚪也会进入瓶内，成为鹦鹉瓶子草的“大餐”。

螺旋狸藻有很多入口，就像是一长串的虾笼，一旦进入其中任何一个入口，就只能按其指定的线路通行，直到进入最后的“死亡陷阱”。

五、吸入式

吸入式食虫植物仅有狸藻，它的捕虫囊直径 0.25～10 毫米，一旦有小动物触动它的感觉毛，捕虫囊就会瞬间膨胀把猎物吸入囊中，并消化吸收。

黄花狸藻

Encyclopedia of Carnivorous Plants

....

第三部分

食虫植物品种鉴赏

一、猪笼草

猪笼草原生种

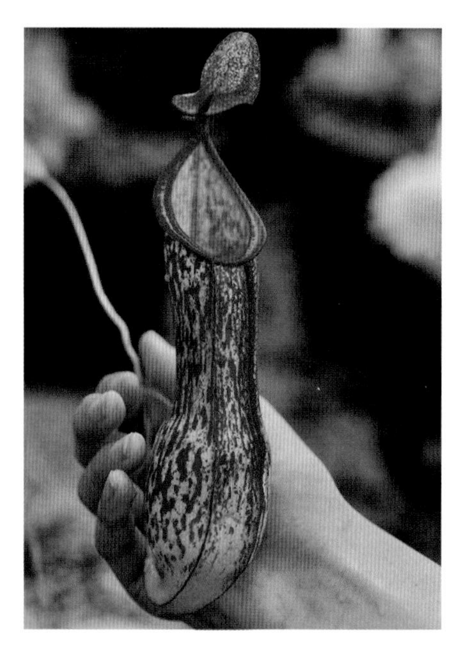

翼状猪笼草
Nepenthes alata

菲律宾特有物种，海拔分布广泛，对环境适应能力很强。

生长海拔（米）： 0～1 900
生存温度（℃）： 5～37
适宜温度（℃）： 日 25，夜 15
原产地： 菲律宾

阿尔巴猪笼草
Nepenthes alba

也叫白猪笼草，其下位笼呈紫褐色，带有深紫色的斑点，上位笼上部白色。

生长海拔（米）： 1 600～2 187
生存温度（℃）： 5～35
适宜温度（℃）： 日 25，夜 15
原产地： 马来西亚

1 | 2
  | 3

1、3 白环猪笼草（红）
2 白环猪笼草（绿）

白环猪笼草
Nepenthes albomarginata

其笼唇下有一圈白色的茸毛，因此而得名，据说它只捕食白蚁，白色的茸毛就是它的诱饵。白蚁会来啃食这一圈茸毛，啃食的过程中部分白蚁便会跌入笼中，当笼子上的白色茸毛消失时，往往可以在笼内发现大量被捕获的白蚁。白环猪笼草的笼子有多种颜色，如绿色、红色、黑色，有的带深色斑点。

生长海拔（米）： 0 ～ 1 200
生存温度（℃）： 10 ～ 38
适宜温度（℃）： 20 ～ 32
原产地： 马来西亚、印度尼西亚、文莱（婆罗洲岛、马来半岛、苏门答腊岛）

1 苹果猪笼草（日落）*N. ampullaria* 'Borneo Sunset'
2 苹果猪笼草（古铜色）*N. ampullaria* 'Bronze Nabire'
3 苹果猪笼草（古铜斑）*N. ampullaria* 'Bronze Speckled'

苹果猪笼草
Nepenthes ampullaria

苹果猪笼草非常特别且分布广泛，有很多个体，多数生长于低海拔地区，也有罕见的 2 100 米分布记录，但根据实际经验，它们很怕冷，冬季温度不能低于 15°C。

苹果猪笼草已经基本摆脱了只能捕食动物的限制，与其他猪笼草相比，它瓶内捕获的昆虫少得可怜，更多的是树叶。进一步研究发现它瓶口分泌的蜜汁非常少，瓶内也几乎没有防止昆虫攀爬的蜡质区，笼盖细长且外翻，笼口大开，方便接收掉落的树叶或鸟粪，为它的生长提供营养。苹果猪笼草非常知名，可爱美丽的捕虫瓶得到了全世界玩家的喜爱。

在东南亚地区，当地人会将苹果猪笼草的笼子作为容器，将米、肉等食材塞入笼中进锅蒸熟，做成“猪笼草饭”。做法类似粽子，是一种当地的特色食品，极具东南亚风味。

生长海拔（米）： 0 ～ 2 100
生存温度（℃）： 15 ～ 38
适宜温度（℃）： 20 ～ 32
原产地： 马来西亚、印度尼西亚、新几内亚、泰国、新加坡、文莱

1、2 苹果猪笼草（文莱红）*N. ampullaria* ‘Brunei Red’
3、4 苹果猪笼草（坎特利红）*N. ampullaria* ‘Cantleys Red’
5 苹果猪笼草（黑瓶绿唇）*N. ampullaria* ‘Dark Red Pitcher Green Lip’
6 绿苹果猪笼草 *N. ampullaria* ‘Green’
7 绿苹果猪笼草（黑唇）*N. ampullaria* ‘Green Pitchers Dark Red Lip’
8 苹果猪笼草（三色绿唇）*N. ampullaria* ‘Harlequin Green Lip’
9 绿苹果猪笼草（红唇）*N. ampullaria* ‘Hot Lip’

1	2	3
4	5	6
7	8	9

1 红苹果猪笼草 *N. ampullaria* 'Red'
2、3 红苹果猪笼草（红线绿唇）*N. ampullaria* 'Red Pitcher Green Lip Red line'
或称黑月亮苹果猪笼草 *N. ampullaria* 'Black Moon'
4、5 苹果猪笼草（斑点红唇）*N. ampullaria* 'Speckle Red Lip'
6 斑苹果猪笼草 *N. ampullaria* 'Spotted'

1	2
3	4
5	6

马兜铃猪笼草
Nepenthes aristolochioides

笼子形态奇特，上位笼口缘几乎与笼身是垂直的，类似于马兜铃的花朵，它的名字由此而来。

生长海拔（米）：1 800 ～ 2 500
生存温度（℃）：5 ～ 33
适宜温度（℃）：日 25，夜 15
原产地：印度尼西亚的苏门答腊岛

巴兰猪笼草白色个体

巴兰猪笼草
Nepenthes baramensis

之前被认为是莱佛士猪笼草长型变型（*N. rafflesiana* var. *elongata*），该物种与莱佛士猪笼草非常近似，但所有器官都更长。

据说有一种蝙蝠常栖息于巴兰猪笼草的上位笼中，它们之间似乎存在互利共生的关系。巴兰猪笼草为哈氏彩蝠提供庇护场所，而哈氏彩蝠以粪便的形式回馈其额外的氮素。据统计，其叶片中的氮素有 33.8% 来源于哈氏彩蝠的粪便。

生长海拔（米）：0 ～ 200
生存温度（℃）：5 ～ 38
适宜温度（℃）：20 ～ 32
原产地：马来西亚、文莱

贝里猪笼草

Nepenthes bellii

生长海拔（米）： 0 ～ 800
生存温度（℃）： 15 ～ 38
适宜温度（℃）： 20 ～ 32
原产地： 菲律宾

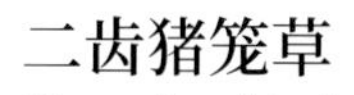

二齿猪笼草

Nepenthes bicalcarata

生长海拔（米）： 0 ～ 950
生存温度（℃）： 15 ～ 38
适宜温度（℃）： 20 ～ 32
原产地： 印度尼西亚、马来西亚、文莱（婆罗洲岛）

二齿猪笼草产自婆罗洲岛西北部，是猪笼草中体型最大的，它可以攀爬至 20 米高的树冠，具有比其他任何猪笼草都粗壮的茎，直径可达 3.5 厘米；叶片革质呈倒卵形或披针形，最长可达 80 厘米，宽至 12 厘米；笼蔓长达 60 厘米，直径 8 毫米。

二齿猪笼草最大的特色就是它笼盖下面两颗尖锐的“毒牙”，它也因此而得名。“毒牙”的作用引发了许多争议，许多人认为“毒牙”有助于引诱昆虫驻足，可能一不小心就掉入笼中；也有人认为，“毒牙”更像是吓阻栖息在树上的哺乳动物，因为在原产地像懒猴、眼镜猴之类的小动物会偷食猪笼草笼子中的食物，而研究者发现这些小型动物偷食二齿猪笼草的频率低于其他当地的猪笼草。

1~3 二齿猪笼草的笼子
4 二齿猪笼草的剖面
5 二齿猪笼草的上位笼
6 二齿猪笼草捕获的鼠妇

二齿猪笼草也是一种蚁栖植物，弓背蚁会在其中空的笼蔓中筑巢，它们显然已适应了如此“险恶”的环境，当然也有“失手”。它们以猪笼草捕获的昆虫为食，而它们的排泄物成了猪笼草的营养。

斑豹猪笼草
Nepenthes burbidgeae

分布于婆罗洲岛沙巴州（sabah）的基纳巴卢山（mount kinabalu）及坦布幼昆山（tambuyukon）附近，笼子颜色醒目，笼身浅黄色带红色斑点，同时笼唇也带着迷人的线纹，犹如花豹。

生长海拔（米）： 1 200～1 800
生存温度（℃）： 9～35
适宜温度（℃）： 日 25，夜 15
原产地： 马来西亚（婆罗洲岛）

布凯猪笼草
Nepenthes burkei

布凯猪笼草是适应能力很强的高地猪笼草，它和葫芦猪笼草相似，区别在于布凯猪笼草笼口倾斜，且笼子质地偏软。

生长海拔（米）： 1 100～2 000
生存温度（℃）： 5～36
适宜温度（℃）： 日 25，夜 15
原产地： 菲律宾

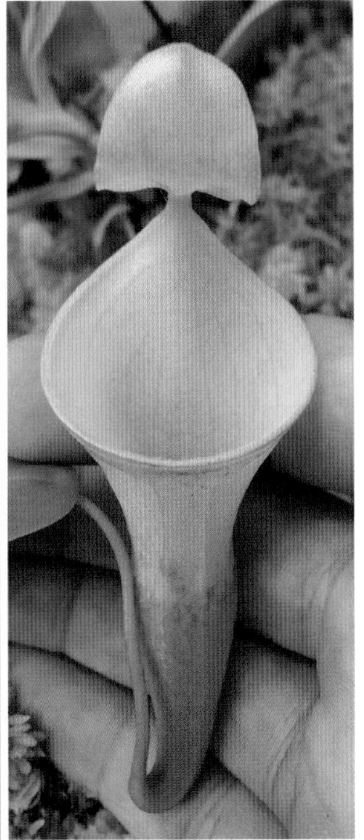

风铃猪笼草
Nepenthes campanulata

风铃猪笼草有风铃般的笼子及迷你的“身材”，因显著的特征被玩家所熟知，其成株直径一般只有十多厘米，捕虫笼只有一种形态，黄绿色，最大的高 10 厘米，直径 5.5 厘米。

风铃猪笼草可以说是“灭绝又复生”的传奇食虫植物！1983 年的一场森林大火，烧毁了风铃猪笼草的原产地，野外分布的风铃猪笼草在 1991 年底至 1992 年初全部消失，那时普遍认为它们已经灭绝了。直到 1997 年，李晨（Ch'ien Lee）重新在砂拉越州（negeriv sarawak）的穆鲁山国家公园（gunung mulu national park）内的石灰岩壁上又重新找到了风铃猪笼草。

生长海拔（米）： 300 ～ 500
生存温度（℃）： 15 ～ 38
适宜温度（℃）： 20 ～ 32
原产地： 印度尼西亚、马来西亚

陈氏猪笼草
Nepenthes chaniana

陈氏猪笼草是一种强壮且可以长得非常大的高地猪笼草，生长旺盛，对高温和低温都有一定的耐受性，成株笼子修长。

生长海拔（米）： 1 100 ～ 1 800
生存温度（℃）： 5 ～ 37
适宜温度（℃）： 日 25，夜 15
原产地： 马来西亚（婆罗洲岛）

圆盾猪笼草

Nepenthes clipeata

圆盾猪笼草是形态非常奇特的濒危物种，叶片呈椭圆形盾状，笼子的卷须从叶背的中部生出，笼子底部膨大，上部喇叭状，酷似花瓶，生长在近乎垂直的岩壁上。

生长海拔（米）：600～874（实际应按高地种种植）

生存温度（℃）：5～35

适宜温度（℃）：日 25，夜 15

原产地：印度尼西亚（婆罗洲岛）

上位猪笼草

Nepenthes diatas

生长海拔（米）：2 400～2 900

生存温度（℃）：5～33

适宜温度（℃）：日 25，夜 15

原产地：印度尼西亚的苏门答腊岛

爱德华猪笼草
Nepenthes edwardsiana

疑惑猪笼草
Nepenthes dubia

疑惑猪笼草会分泌黏性极强的消化液，上位笼呈漏斗形，笼盖细长外翻。

生长海拔（米）： 1 600 ～ 2 700
生存温度（℃）： 5 ～ 33
适宜温度（℃）： 日 25，夜 15
原产地： 印度尼西亚的苏门答腊岛

爱德华猪笼草分布于婆罗洲岛沙巴州的基纳巴卢山和坦布幼昆山地区，其有着高度发达的唇肋，与有着相似特征的大叶猪笼草、长毛猪笼草、钩唇猪笼草等一起成为玩家重点关注的，因高海拔种植极具挑战性且被争相收藏的知名猪笼草。笼子最高可达 50 厘米，唇肋和唇齿看起来非常凶悍，令人生畏！

生长海拔（米）： 1 500 ～ 2 700
生存温度（℃）： 5 ～ 32
适宜温度（℃）： 日 25，夜 15
原产地： 马来西亚（婆罗洲岛）

鞍型猪笼草
Nepenthes ephippiata

鞍型猪笼草小苗

鞍型猪笼草和劳氏猪笼草有近缘关系，下位笼笼盖下都有比较茂盛的毛刺，会分泌较多糖霜。

生长海拔（米）： 1 300～2 000
生存温度（℃）： 5～33
适宜温度（℃）： 日 25，夜 15
原产地： 印度尼西亚（婆罗洲岛）

艾玛猪笼草
Nepenthes eymae

艾玛猪笼草是苏拉威西岛的特有物种，下位笼笼身呈管状，而上位笼呈现类似马桶猪笼草的红酒杯状，形态差异非常大，且会分泌极其黏稠的消化液。

生长海拔（米）： 1 000～2 000
生存温度（℃）： 5～35
适宜温度（℃）： 日 25，夜 15
原产地： 印度尼西亚的苏拉威西岛

杏黄猪笼草
Nepenthes flava

下位笼呈漏斗形，通常呈深橙色或暗红色，上位笼形态与马桶猪笼草相似呈红酒杯状，且完全呈亮黄色，也因此而得名。

生长海拔（米）： 1 800 ～ 2 200
生存温度（℃）： 5 ～ 33
适宜温度（℃）： 日 25，夜 15
原产地： 印度尼西亚的苏门答腊岛

暗色猪笼草
Nepenthes fusca

生长海拔（米）： 300 ～ 2 500
生存温度（℃）： 5 ～ 33
适宜温度（℃）： 日 25，夜 15
原产地： 马来西亚、印度尼西亚（婆罗洲岛）

无毛猪笼草

Nepenthes glabrata

生长海拔（米）： 1 600 ～ 2 100
生存温度（℃）： 10 ～ 33
适宜温度（℃）： 日 25，夜 15
原产地： 印度尼西亚的苏拉威西岛

有腺猪笼草

Nepenthes glandulifera

有腺猪笼草的茎、叶片、叶柄、笼子上分布着黑色点状的蜜腺，因此而得名，且周身多茸毛。

生长海拔（米）： 1 100 ～ 1 700
生存温度（℃）： 10 ～ 35
适宜温度（℃）： 日 25，夜 15
原产地： 马来西亚（婆罗洲岛）

钩唇猪笼草
Nepenthes hamata

钩唇猪笼草外表奇特，唇肋、唇齿内弯呈镰刀状，显然又是一个“铁齿钢牙系列”成员，应该说它是最适合玩家收藏的一种，体型小巧、凶悍中透着可爱，种植难度适中，也相对容易获得。

生长海拔（米）： 1 400 ～ 2 500
生存温度（℃）： 5 ～ 33
适宜温度（℃）： 日 25，夜 15
原产地： 印度尼西亚的苏拉威西岛

“铁齿钢牙系列”（唇肋唇齿极其突出）——基本属于高地、高难度、高贵物种［如恶魔猪笼草（*N. diabolica*）、爱德华猪笼草、钩唇猪笼草、大叶猪笼草、美瑞儿猪笼草、长毛猪笼草（*N.cillosa*）］，如此突出的唇肋、唇齿，有助于捕获猎物，也可以吓阻偷食猪笼草笼子中猎物的小型哺乳动物，与二齿猪笼草的“尖牙”有异曲同工之妙。在一次食虫植物展览中，一位小朋友把手伸入钩唇猪笼草的笼子中被唇齿卡住无法拔出，吓得大哭……我想他从此以后再也不敢这么做了！这样的结构对于一些小动物也同样危险……

小猪笼草
Nepenthes gracilis

小猪笼草分布广泛，小型，容易种植，笼子一般呈绿色、暗红色或褐色。看起来平淡无奇，实则也有过人之处，与一般猪笼草不同的是笼盖下表面有一层蜡质层，下雨的时候蚂蚁之类小型昆虫会在笼盖下躲雨，极易滑落，雨滴的撞击也使昆虫更容易落入笼中。

生长海拔（米）： 0～1 700
生存温度（℃）： 10～38
适宜温度（℃）： 20～32
原产地： 泰国、马来西亚、新加坡、印度尼西亚、文莱

刚毛猪笼草
Nepenthes hirsuta

婆罗洲岛的特有物种，它最大的特点就是周身覆盖一层棕色的毛，它喜欢生长在阴暗潮湿的环境中。

生长海拔（米）： 200～1 100
生存温度（℃）： 10～38
适宜温度（℃）： 20～32
原产地： 印度尼西亚、马来西亚、文莱（婆罗洲岛）

无刺猪笼草
Nepenthes inermis

无刺猪笼草的上位笼当属猪笼草中最标准的漏斗形，窄边的口缘，其上位笼没有唇，不存在唇肋、唇齿等结构，所以称为无刺猪笼草。上位笼的内表面布满腺体会分泌极度黏稠的消化液，能将驻足的飞虫粘住。上位笼的笼盖细长，和苹果猪笼草相似。

生长海拔（米）： 1 500～2 600
生存温度（℃）： 5～33
适宜温度（℃）： 日 25，夜 15
原产地： 印度尼西亚的苏门答腊岛

泉氏猪笼草

Nepenthes izumiae

泉氏猪笼草笼身呈紫黑色，笼盖下表面有一个三角形的附属物。

生长海拔（米）： 1 700 ～ 1 900
生存温度（℃）： 5 ～ 30
适宜温度（℃）： 日 25，夜 15
原产地： 印度尼西亚的苏门答腊岛

贾桂琳猪笼草

Nepenthes jacquelineae

贾桂琳猪笼草是观赏性非常强的一种小型猪笼草，拥有漏斗形的笼子，与其他相似笼形的猪笼草相比，它拥有更加宽大的唇和更大的上位笼（下位笼高度一般不超过 6 厘米，呈红褐色；上位笼可达 15 厘米，呈绿色），笼内也拥有高度黏稠的消化液，它的笼盖细窄，有发达的蜜腺，被吸引来的昆虫在舔食蜜液时很容易跌入笼中。

生长海拔（米）： 1 700 ～ 2 100
生存温度（℃）： 5 ～ 33
适宜温度（℃）： 日 25，夜 15
原产地： 印度尼西亚的苏门答腊岛

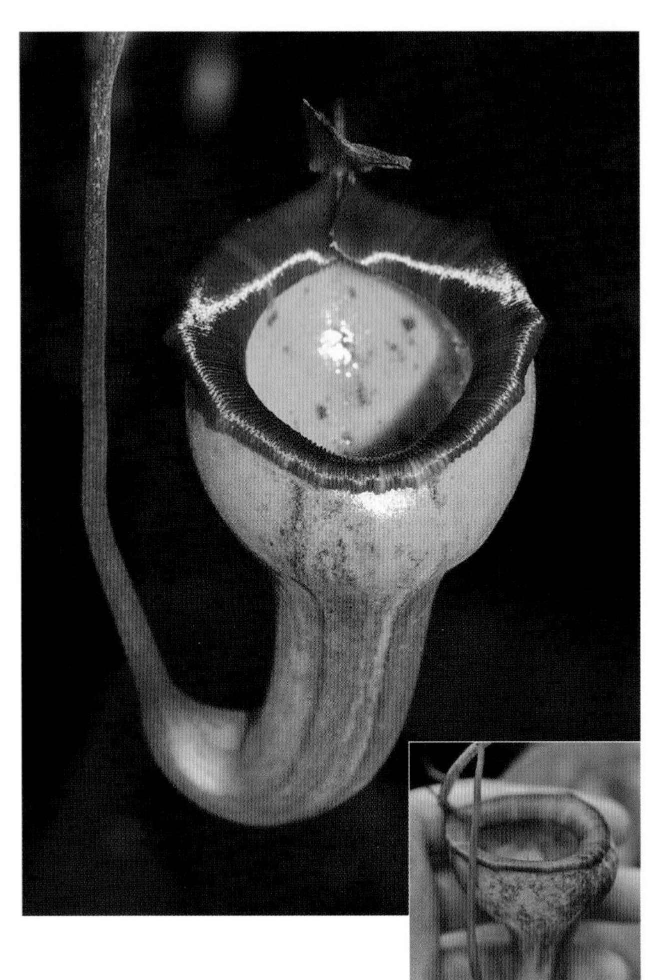

马桶猪笼草
Nepenthes jamban

马桶猪笼草是极其著名的高地猪笼草，因形似马桶而得名。它与疑惑猪笼草、杏黄猪笼草、无刺猪笼草、贾桂琳猪笼草、细猪笼草等一样有类似漏斗形的笼子，笼子内布满消化腺，分泌的消化液黏性极高，很多昆虫跌落后往往是被消化液粘住无法逃脱。虽然这些猪笼草种植难度都不低，但其极高的观赏价值使它们成为很多玩家的藏品！

生长海拔（米）： 1 800 ～ 2 100
生存温度（℃）： 5 ～ 35
适宜温度（℃）： 日 25，夜 15
原产地： 印度尼西亚的苏门答腊岛

“漏斗形笼子”的特色：都是高地猪笼草，体型小巧，笼盖细长或呈椭圆形，笼内有黏稠的消化液，昆虫容易被粘住。

印度猪笼草
Nepenthes khasiana

印度猪笼草是唯一一种原产于印度的猪笼草，其对环境的适应能力很强，对高温和低温都有很好的耐受性，生长旺盛，但扦插生根很慢，在原生地已是濒危物种。

生长海拔（米）： 500 ～ 1 500
生存温度（℃）： 5 ～ 38
适宜温度（℃）： 20 ～ 32
原产地： 印度

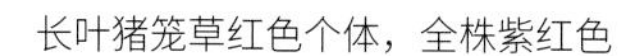

长叶猪笼草红色个体，全株紫红色

长叶猪笼草

Nepenthes longifolia

生长海拔（米）： 300 ～ 1100
生存温度（℃）： 10 ～ 38
适宜温度（℃）： 20 ～ 32
原产地： 印度尼西亚的苏门答腊岛

麦克法兰猪笼草

Nepenthes macfarlanei

生长海拔（米）： 900 ～ 2 150
生存温度（℃）： 5 ～ 33
适宜温度（℃）： 日 25，夜 15
原产地： 马来西亚

劳氏猪笼草

Nepenthes lowii

笼子形态怪异，质地如革，受到众多关注，是非常著名的高地猪笼草！其幼笼呈桶状，笼盖下表面长有茂密的肉质长须，长成成熟笼后长须变稀。成熟的笼子下部呈椭圆形，中部收缩成细腰，上部成喇叭状。

与其他猪笼草不同的是，它的笼盖下方会分泌很厚的白色糖霜，树鼩和太阳鸟之类的动物会来觅食，进食的同时，排泄物正好落入笼内（据说糖霜中含有某种促进排泄的成分），成为猪笼草的肥料。

看来单单捕虫已经无法满足它的胃口了，转成直接收集“肥料”了，与此类似的还有大叶猪笼草、王侯猪笼草等，原本捕虫的猪笼草在不断地分化，它们的“食谱”出现了有趣的变化，如苹果猪笼草、二齿猪笼草等。

曾经在 2009 年种了一棵劳氏猪笼草的小苗，当时直径大概 10 厘米，养了 12 年以后，在 2021 年夏天终于“去世了”！当时直径 12 厘米，每年 2 片叶的速度生长，由于没有很好地控温，夏季白天最高 35°C左右，夜间 25 ～ 30°C，冬季白天 15 ～ 25°C，夜间 10 ～ 15°C，在这样的温度下基本不会长大。当然如果能控到白天 25°C，夜间 15°C，相信生长会快很多，但比起其他的猪笼草生长还是非常缓慢！

生长海拔（米）： 1 650 ～ 2 600　　**适宜温度（℃）：** 日 25，夜 15

生存温度（℃）： 5 ～ 33　　**原产地：** 马来西亚（婆罗洲岛）

大叶猪笼草

Nepenthes macrophylla

大叶猪笼草分布于马来西亚沙巴州的特鲁斯马迪山，其叶片革质，长可达 60 厘米，宽 20 厘米，也有着高度发达的唇肋。看起来很凶悍的样子，其实它和劳氏猪笼草一样，业余为小动物提供“吃喝拉撒一条龙”服务。它的笼盖下方会分泌蜜汁，树鼩等动物会来觅食，进食的同时，排泄物正好落入笼子内，成为猪笼草的肥料。

生长海拔（米）： 2 200 ～ 2642
生存温度（℃）： 2 ～ 32
适宜温度（℃）： 日 25，夜 15
原产地： 马来西亚（婆罗洲岛）

马达加斯加猪笼草

Nepenthes madagascariensis

马达加斯加猪笼草生长在马达加斯加岛的东岸。

生长海拔（米）： 0 ～ 500
生存温度（℃）： 15 ～ 38
适宜温度（℃）： 20 ～ 32
原产地： 马达加斯加

大猪笼草

Nepenthes maxima

大猪笼草有多个不同个体，生性强健。

生长海拔（米）： 40～2 600

适宜温度（℃）： 日 28，夜 18

生存温度（℃）： 5～35

原产地： 印度尼西亚、新几内亚

美琳猪笼草

Nepenthes merrilliana

美琳猪笼草是笼子最大的猪笼草之一，据说其最大的笼子高度可达 50 厘米，可装入 5 升水，巨大肥胖的身形犹如水桶一般。不过要在人工环境下长出巨大的笼子实属不易，虽然分布海拔不高，但需按高地猪笼草来养护。美琳猪笼草原产于棉兰老岛中北部和迪纳加特岛附近，生长于沿海森林地区的陡峭斜坡上。但凡原生地在悬崖峭壁或陡峭山坡上的猪笼草，相比原生地为平地或缓坡的猪笼草种植难度更大，这是局部地形对气候的影响造成的。

生长海拔（米）： 0 ～ 1 100
生存温度（℃）： 10 ～ 35
适宜温度（℃）： 日 30，夜 20
原产地： 菲律宾

惊奇猪笼草

Nepenthes mira

菲律宾巴拉望（palawan）地区的特有物种。

生长海拔（米）： 1 550 ～ 1 605
生存温度（℃）： 5 ～ 35
适宜温度（℃）： 日 25，夜 15
原产地： 菲律宾

中国产个体，也称“野猪”

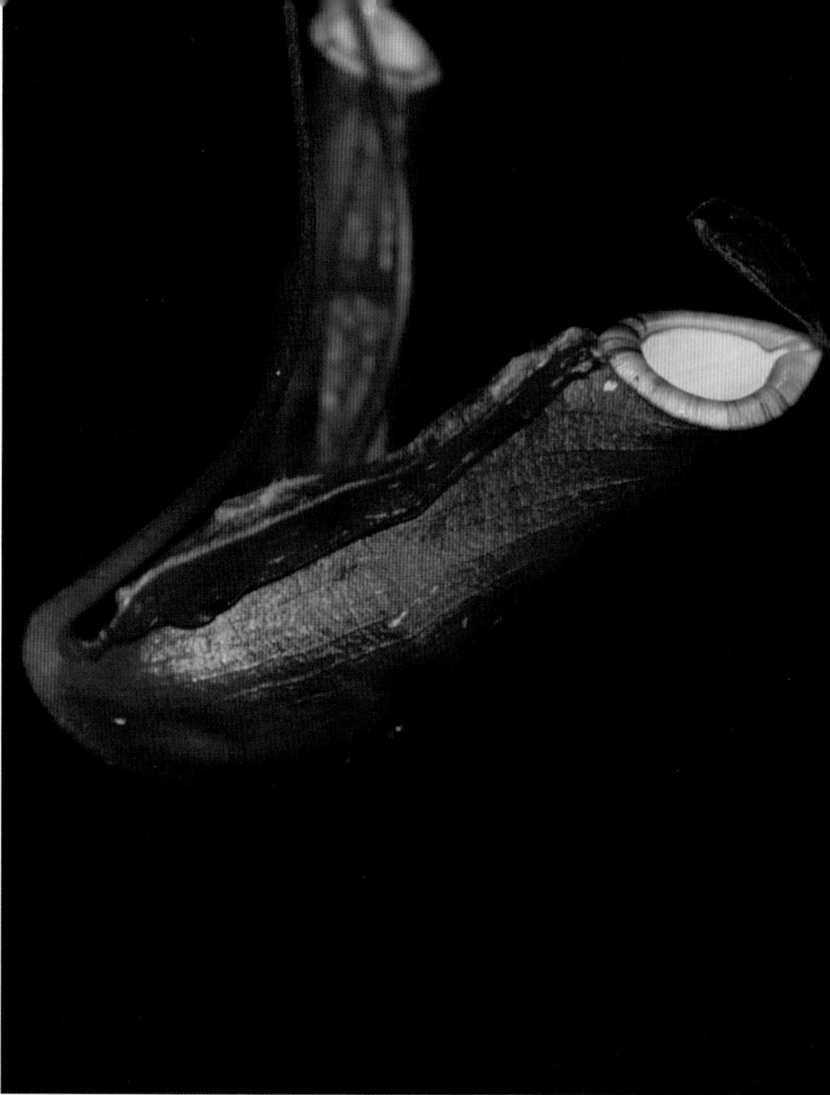

奇异猪笼草（深红）*Nepenthes mirabilis* ‘Dark Red’

奇异猪笼草
Nepenthes mirabilis

奇异猪笼草是一种适应性极强、分布范围最广的低地猪笼草，几乎遍布所有的猪笼草产区，也是唯一一种在中国有分布的猪笼草（产于广东、广西、海南等沿海地区），它也有较多的个体和变种。

生长海拔（米）： 0 ～ 1 500
生存温度（℃）： 5 ～ 38
适宜温度（℃）： 20 ～ 32
原产地： 中国南部、东南亚各国、澳大利亚昆士兰

奇异猪笼草（紫色飞碟唇）

Nepenthes mirabilis var. *echinostoma* 'Purple'

一个非常奇异的变种，唇口宽大且唇上分布着刺，是猪笼草中的另类！

云雾猪笼草
Nepenthes nebularum

菲律宾棉兰老岛山地云雾林的特有物种，形态与罗伯坎特利猪笼草、宝特瓶猪笼草相似。

生长海拔（米）： 1 800
生存温度（℃）： 5～35
适宜温度（℃）： 日 25，夜 15
原产地： 菲律宾

海盗猪笼草
Nepenthes mirabilis var. *globosa*

海盗猪笼草又名维京猪笼草，也是奇异猪笼草的变种之一，因其笼形似海盗船的船头而得名。

诺斯猪笼草

Nepenthes northiana

诺斯猪笼草是充满传奇色彩的知名猪笼草，因18世纪一位英国女画家诺斯在原生地画的一幅画使它被世人所知，并传入欧洲开始园艺栽培，后来为纪念这位女画家，将它命名为诺斯猪笼草。诺斯猪笼草生长在马来西亚婆罗洲岛的石灰岩悬崖上，笼子最大可达40厘米高，有着非常美丽的宽唇，华丽的外表让人无法抗拒！

诺斯猪笼草的根系不发达，非常脆弱，易折断，极不耐移植，需要保持稳定的环境，使用比较透气和耐久的多颗粒基质。如进行移栽，需要参考扦插的管理方式，保持高湿度、中等光照，等待根系恢复。

生长海拔（米）： 0～500
生存温度（℃）： 10～35
适宜温度（℃）： 20～30
原产地： 马来西亚（婆罗洲岛）

卵形猪笼草

Nepenthes ovata

卵形猪笼草的笼子有比较宽大而发达的唇。

生长海拔（米）： 1 700～2 100
生存温度（℃）： 5～33
适宜温度（℃）： 日 25，夜 15
原产地： 印度尼西亚的苏门答腊岛

巴拉望猪笼草

Nepenthes palawanensis

菲律宾巴拉望岛苏丹山（sultan peak）的特有物种。

生长海拔（米）： 1 100～1 236
生存温度（℃）： 5～33
适宜温度（℃）： 日 28，夜 18
原产地： 菲律宾

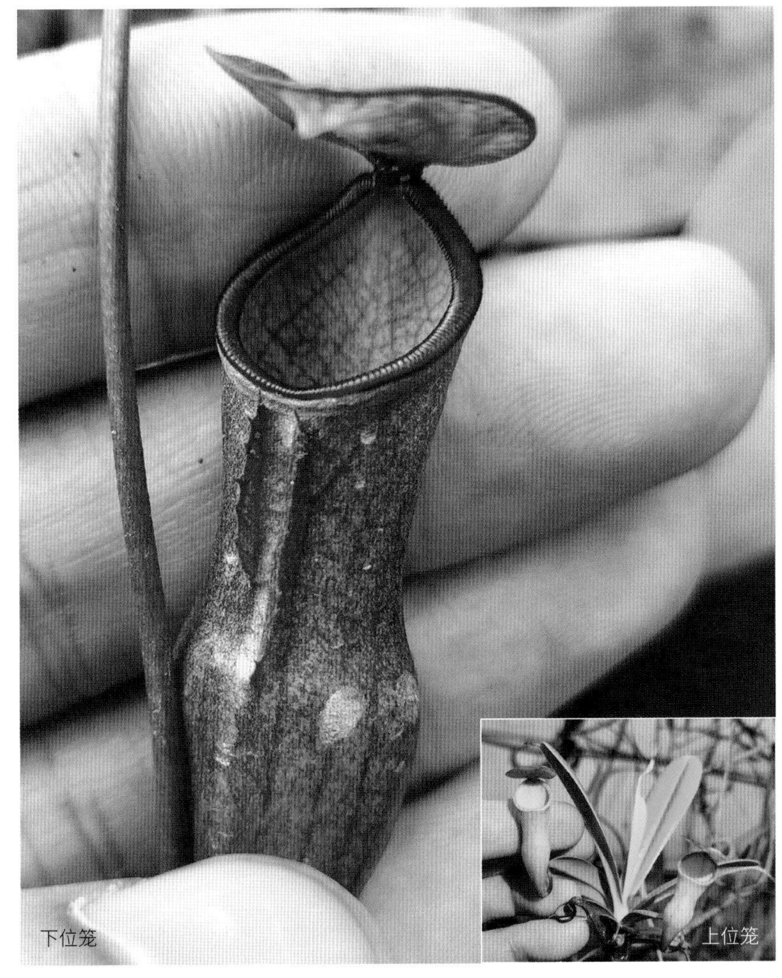

伯威尔猪笼草
Nepenthes pervillei

伯威尔猪笼草形态独特，是最原始的猪笼草之一，叶片短小硬质，下位笼卷须自然下垂生长，呈红褐色，上位笼依靠叶片的支撑力悬于叶的顶端，呈黄绿色，卷须不会缠绕攀爬，一般匍匐于地面或依靠高大植物生长，到达一定高度会长侧枝。其生长于花岗岩山顶的岩石区，根相当脆弱，不耐移植。

原生地在悬崖峭壁、陡坡、岩石区等地的猪笼草，根系一般都很脆弱，不耐移栽。

生长海拔（米）： 350 ～ 750
生存温度（℃）： 10 ～ 37
适宜温度（℃）： 20 ～ 30
原产地： 塞舌尔

盾叶猪笼草
Nepenthes peltata

盾叶猪笼草笼蔓与叶片的衔接处呈盾形，周身披有发达的毛，幼笼笼身较长，成株笼身变得短胖而呈卵形，笼盖下覆盖着大量蜜腺。

生长海拔（米）： 865 ～ 1 635
生存温度（℃）： 5 ～ 35
适宜温度（℃）： 日 28，夜 18
原产地： 菲律宾

圣杯猪笼草

Nepenthes platychila

也叫宽唇猪笼草，因美丽的上位笼闻名于世，下位笼普普通通，上位笼呈漏斗状，有着丝滑般质感的华丽宽唇。

生长海拔（米）： 900 ～ 1 400
生存温度（℃）： 10 ～ 35
适宜温度（℃）： 20 ～ 30
原产地： 马来西亚（婆罗洲岛）

有柄猪笼草

Nepenthes petiolata

生长海拔（米）： 1 450 ～ 1 900
生存温度（℃）： 5 ～ 35
适宜温度（℃）： 日 25，夜 15
原产地： 菲律宾棉兰老岛

1、2 莱佛士猪笼草（巨人红）*N. rafflesiana* 'Giant Red'
3、4 莱佛士猪笼草（巨人黑）*N. rafflesiana* 'Giant Dark'
5、6 莱佛士猪笼草（胖瓶）*N. rafflesiana* 'squat'

莱佛士猪笼草

Nepenthes rafflesiana

莱佛士猪笼草分布广泛，有着猪笼草中最多的变种和变型，其上位笼和下位笼差别巨大，对低温有较强的耐受性。

一般分布广泛，个体众多，非常强盛的猪笼草往往都比较好种。

生长海拔（米）： 0～1 500
生存温度（℃）： 5～38
适宜温度（℃）： 20～32
原产地： 马来西亚、印度尼西亚、新加坡、文莱

1 莱佛士猪笼草（紫黑）*N. rafflesiana var. nigropurpurea*
2、3 莱佛士猪笼草（三色）
4、5 莱佛士猪笼草（白底少斑）
6 莱佛士猪笼草（花斑）
2~6 为小虫草堂培育的莱佛士猪笼草品种。

1	2	3
4	5	6

在人工种植条件下，很难模仿它的原生环境，生长非常缓慢，要想长出足够大的笼子还是很难。从左图到右图整整用了 13 年（2007—2020 年）。

王侯猪笼草

Nepenthes rajah

又称马来王猪笼草，是最著名的猪笼草之一，国际濒危物种，分布于婆罗洲岛沙巴州的基纳巴卢山和坦布幼昆山地区。笼子可高达 41 厘米，最大的笼子可以容纳 3.5 升水，有着猪笼草中最大的笼盖，笼盖内侧、笼唇及周边有着大量的蜜腺。它是非常出色的猎手，除了昆虫之外，还能捕到蜥蜴、青蛙、鸟类等，也是唯一两种在野外捕捉过哺乳动物（老鼠）的猪笼草之一（另一种是莱佛士猪笼草）。

让人意想不到的是这位出色的猎手还兼职收集“肥料”，树鼩等动物会来觅食，进食的同时，排泄物正好落入笼内，成为猪笼草的肥料。

生长海拔（米）： 1 500 ～ 2 650
生存温度（℃）： 5 ～ 33
适宜温度（℃）： 日 25，夜 15
原产地： 马来西亚（婆罗洲岛）

岔刺猪笼草

Nepenthes ramispina

笼子颜色非常特别，外壁黑紫色，内壁绿色。

生长海拔（米）： 900 ～ 2 000
生存温度（℃）： 10 ～ 35
适宜温度（℃）： 日 28，夜 18
原产地： 马来西亚

两眼猪笼草

Nepenthes reinwardtiana

因其笼子内的两个类似眼睛的斑点而得名，这两个斑点在幼苗时不是特别明显，在长到一定大小时才能显现。两眼猪笼草除了比较常见的绿色个体之外，还有红色和暗红色，不管哪一种，纯色的瓶子配上独特的“小眼睛”特别有趣！

生长海拔（米）： 0 ～ 2 200
生存温度（℃）： 10 ～ 37
适宜温度（℃）： 20 ～ 30
原产地： 马来西亚、印度尼西亚、文莱

罗伯坎特利猪笼草

Nepenthes robcantleyi

笼子巨大，可高达 40 厘米，笼唇极其宽大，笼翼发达，原先被认为是宝特瓶猪笼草的黑色个体，因其靓丽的外表在 2011 年英国切尔西花展获得金奖，在园艺界得到了极高的关注，野外已经濒临灭绝。将其种活不难，温度要求不高，但生长缓慢，要想长得更快须提供高地猪笼草的种植环境。

生存海拔（米）：1 800
生存温度（℃）：5 ～ 36
适宜温度（℃）：日 25，夜 15
原产地：菲律宾棉兰老岛

血红猪笼草
Nepenthes sanguinea

有黄色、橙色、红色、红褐色多个个体。

生长海拔（米）： 300～1 800
生存温度（℃）： 5～35
适宜温度（℃）： 日 25，夜 15
原产地： 马来西亚

辛布亚猪笼草
Nepenthes sibuyanensis

产自菲律宾辛布亚岛的高山地区，矮矮胖胖的外形与鲜艳的色彩使它备受人们的喜爱！

生长海拔（米）： 1 200～1 800
生存温度（℃）： 5～35
适宜温度（℃）： 日 27，夜 17
原产地： 菲律宾

欣佳浪山猪笼草

Nepenthes singalana

生长海拔（米）： 2 000 ～ 2 900

生存温度（℃）： 5 ～ 35

适宜温度（℃）： 日 25，夜 15

原产地： 印度尼西亚的苏门答腊岛

斯迈尔斯猪笼草

Nepenthes smilesii

生长海拔（米）： 0 ～ 1 500

生存温度（℃）： 10 ～ 37

适宜温度（℃）： 20 ～ 32

原产地： 柬埔寨、老挝、泰国、越南

显目猪笼草
Nepenthes spectabilis

就如它的名字一样，笼子呈浅绿色，配上深褐色斑纹，特别引人注目。

生长海拔（米）： 1 400 ～ 2 200
生存温度（℃）： 5 ～ 35
适宜温度（℃）： 日 25，夜 15
原产地： 印度尼西亚的苏门答腊岛

匙叶猪笼草
Nepenthes spathulata

生长海拔（米）： 1 100 ～ 2 900
生存温度（℃）： 5 ～ 35
适宜温度（℃）： 日 25，夜 15
原产地： 印度尼西亚

塔蓝山猪笼草

Nepenthes talangensis

下位笼呈卵形或漏斗形，上位笼漏斗形，笼内的消化液比较黏稠，昆虫容易被粘住。

生长海拔（米）： 1 800 ～ 2 500
生存温度（℃）： 5 ～ 33
适宜温度（℃）： 日 25，夜 15
原产地： 印度尼西亚的苏门答腊岛

窄叶猪笼草

Nepenthes stenophylla

生长海拔（米）： 800 ～ 2 600
生存温度（℃）： 5 ～ 35
适宜温度（℃）： 日 28，夜 18
原产地： 马来西亚（婆罗洲岛）

细猪笼草
Nepenthes tenuis

迷你可爱的小型猪笼草，有着漏斗形的笼身、黏稠的消化液。它是漏斗形猪笼草中种植难度相对较低的，在相同环境下它的生长速度最快，喜欢这类猪笼草可以从它入手。

生长海拔（米）： 1 000 ～ 1 200
生存温度（℃）： 5 ～ 35
适宜温度（℃）： 日 28，夜 18
原产地： 印度尼西亚的苏门答腊岛

泰国猪笼草
Nepenthes thai

泰国特有的猪笼草，生性强健易种植。

生长海拔（米）： 500 ～ 600
生存温度（℃）： 10 ～ 38
适宜温度（℃）： 20 ～ 32
原产地： 泰国

上位笼

下位笼

特勒布猪笼草
Nepenthes treubiana

生长海拔（米）： 0～80
生存温度（℃）： 15～38
适宜温度（℃）： 20～32
原产地： 印度尼西亚

波叶猪笼草
Nepenthes undulatifolia

生长海拔（米）： 1 800
生存温度（℃）： 5～33
适宜温度（℃）： 日 25，夜 15
原产地： 印度尼西亚

维奇猪笼草（低地种）

维奇猪笼草（高地种）

维奇猪笼草
Nepenthes veitchii

“明星猪笼草”，它是玩家关注度最高的一种猪笼草，它有矮胖的笼身，拥有猪笼草中最大最华丽的宽唇，无人能够抗拒。近两年在玩家圈中热炒，一些品种仅 2 片叶的顶芽切枝就卖上万元！

维奇猪笼草广泛分布于婆罗洲岛西北部，有多个个体。

低地地区的维奇猪笼草笼子稍长，唇比高地种略窄，多生长在潮湿的林地，有的叶片会像人的手臂一样环抱树干直接攀爬上树，这在猪笼草当中是绝无仅有的。

维奇猪笼草（高地种）

高地地区的维奇猪笼草一般不会攀爬，笼子更加矮胖，有的笼身甚至呈球形，笼唇宽大，有的唇上有红线与唇肋平行延伸，看起来极其华丽，玩家无不动心，价格也因此飞涨。

生长海拔（米）：0 ～ 1 600
生存温度（℃）：低地种 5 ～ 38 / 高地种 5 ～ 36
适宜温度（℃）：低地种 20 ～ 30 / 高地种日 30，夜 18
原产地：马来西亚、印度尼西亚（婆罗洲岛）

宝特瓶猪笼草

Nepenthes truncata

非常著名的巨型猪笼草，植株十分粗壮，直立生长，不会攀爬，叶片宽大似扇，笼子长桶形，最大可达 40 多厘米高。

生长海拔（米）： 0 ～ 1 500
生存温度（℃）： 5 ～ 38
适宜温度（℃）： 20 ～ 32
原产地： 菲律宾

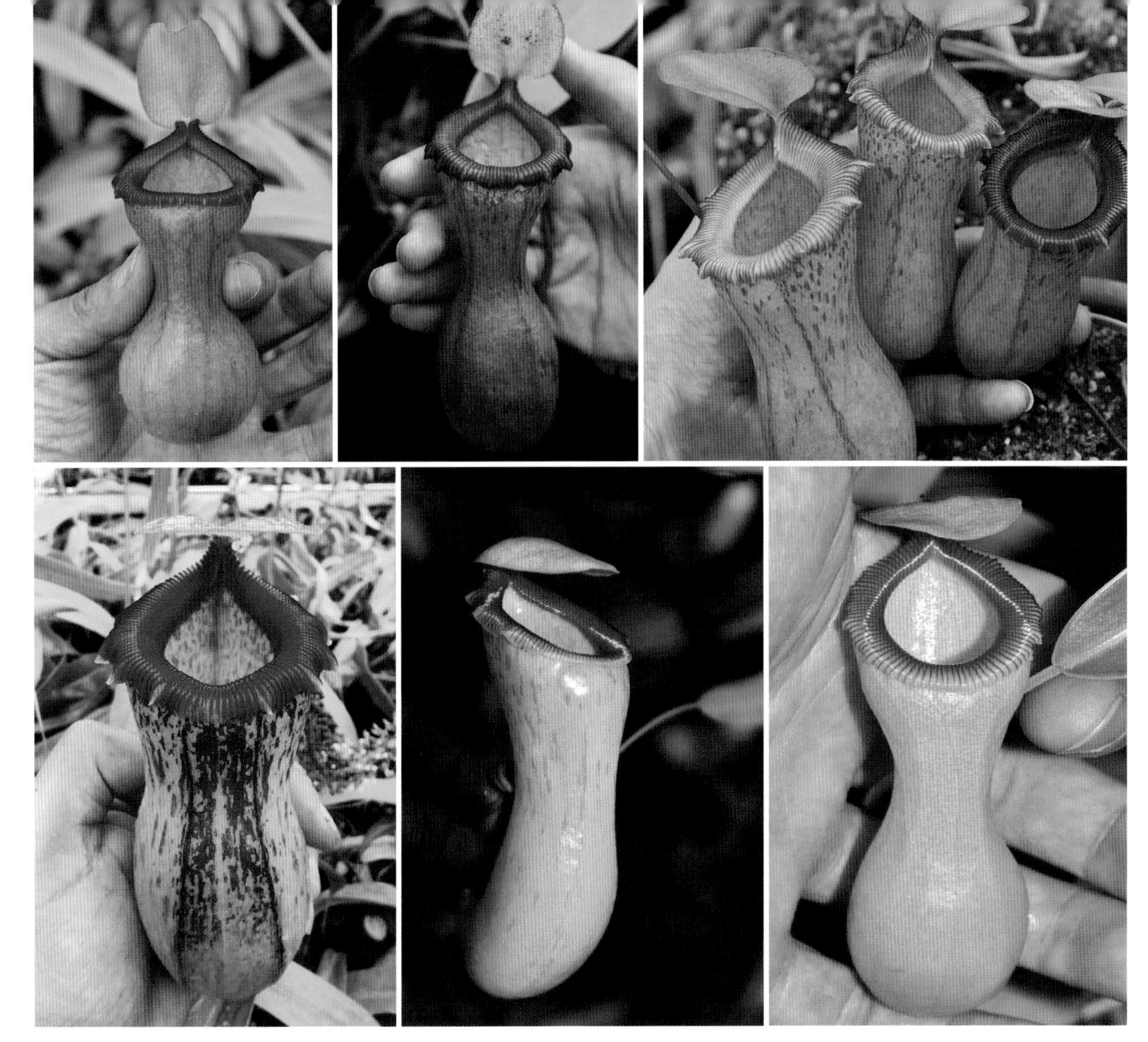

葫芦猪笼草的多个个体

葫芦猪笼草

Nepenthes ventricosa

笼子大肚细腰与葫芦很相似，有多个个体，是适应能力很强的高地猪笼草。因其极强的适应能力与漂亮的外观被许多园艺种植者用于杂交育种，以继承其优良血统。现在普及度最高的猪笼草，各大花市都能看到的“花市猪笼草”——红瓶猪笼草，就是葫芦猪笼草和翼状猪笼草的杂交种。

在国内大部分地区种植时，夏季适当遮阴即可度夏，冬天室内无须加温即可过冬，非常适合初次接触高地猪笼草的爱好者！

生长海拔（米）： 1 000 ～ 2 000
生存温度（℃）： 5 ～ 37
适宜温度（℃）： 日 28，夜 18
原产地： 菲律宾

维耶亚猪笼草

Nepenthes vieillardii

新喀里多尼亚岛特有，笼子红色，生长缓慢。

生长海拔（米）： 0～850
生存温度（℃）： 8～38
适宜温度（℃）： 20～32
原产地： 新喀里多尼亚

佛氏猪笼草

Nepenthes vogelii

下位笼长管形，上位笼漏斗状，笼上布满褐色斑点，其与暗色猪笼草之间存在密切的亲缘关系。

生长海拔（米）： 1 000～1 500
生存温度（℃）： 5～38
适宜温度（℃）： 日 28，夜 18
原产地： 马来西亚（婆罗洲岛）

猪笼草杂交种

猪笼草的杂交使品种更加多样化，有更多丰富多彩、不同形态的笼子可以欣赏；原先种植困难的原种杂交后多数更容易种植、生长更快，没条件种原种，杂交种还是有希望的，同样会继承父母本的特征；对于园艺种植者，杂交就像开盲盒，非常刺激，容易上瘾！也可以根据需求进行定向育种。

马兜铃 × 惊奇猪笼草

Nepenthes ×(*aristolochioides* × *mira*)

一个非常美丽的杂交种，也是马兜铃杂交种中最像原种的一个品种之一，在种植上也会比马兜铃猪笼草容易很多，如果喜欢马兜铃猪笼草又担心养不好的玩家可以尝试这个品种。

生存温度（℃）： 5 ～ 35
适宜温度（℃）： 日 28，夜 18

巴乌猪笼草

Nepenthes×*bauensis* / *N.*×(*gracilis*×*northiana*)

小猪笼草和诺斯猪笼草的杂交种，继承了小猪笼草红褐色的瓶身和诺斯猪笼草笼子内壁的红斑，株型比小猪笼草大很多。

生存温度（℃）： 8～38

适宜温度（℃）： 20～32

红宝石猪笼草（血腥玛丽猪笼草）

Nepenthes× 'Bloody Mary' /*N.* × 'Lady Luck' / *N.* ×(*ampullaria* ×*ventricosa*)

红苹果猪笼草和葫芦猪笼草的杂交种，完美地继承了父母本的优点，植株适应能力强，生长迅速，笼子呈现艳红色，十分迷人，现已成为“花市猪”，普及度非常高，价格低廉，非常适合新手入门。

生存温度（℃）： 10～38

适宜温度（℃）： 20～32

下位笼

上位笼

斑豹 × 风铃猪笼草

Nepenthes×(*burbidgeae*×*campanulata*)

生长迅速，体型巨大，笼子漏斗形带花唇。

生存温度（℃）： 8 ～ 36

适宜温度（℃）： 20 ～ 30

斑豹 × 圣杯猪笼草

Nepenthes×(*burbidgeae*×*platychila*)

继承了亲本的优点，下位笼笼身有着明亮的红色斑点，而上位笼则相当华丽。

生存温度（℃）： 5 ～ 35

适宜温度（℃）： 日 28，夜 18

风铃 × 陈氏猪笼草

Nepenthes ×(*campanulata* ×*chaniana*)

笼子纯绿，下位笼很像放大版的风铃猪笼草，上位笼呈漏斗形。

生存温度（℃）： 5 ～ 36

适宜温度（℃）： 20 ～ 30

风铃 ×[（劳氏 × 维奇）× 博世] 猪笼草

Nepenthes campanulata ×[(*lowii*× *veitchii*) × *boschiana*]

小虫草堂 2021 年新培育的一个杂交种，叶片、笼形与风铃猪笼草相似度极高，笼身布满豹纹，同时也拥有唇线，比风铃猪笼草的观赏性更佳。

生存温度（℃）： 5 ～ 38

适宜温度（℃）： 20 ～ 30

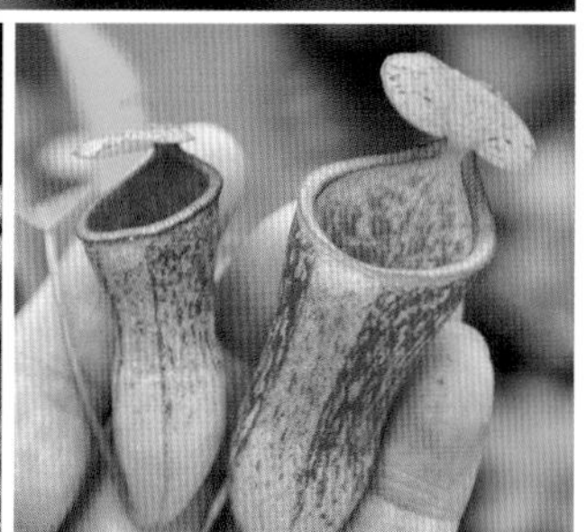

风铃 × 罗伯坎特利猪笼草

Nepenthes ×(*campanulata* × *robcantleyi*)

植株矮壮，笼型巨大，是一个强健的杂交种。

生存温度（℃）： 8 ～ 36

适宜温度（℃）： 20 ～ 30

风铃 × 红葫芦猪笼草

Nepenthes×(*campanulata*×*ventricosa* 'Red')

风铃 × 葫芦猪笼草

Nepenthes ×(*campanulata* × *ventricosa*)

体型小巧，容易种植。

生存温度（℃）： 5 ～ 38

适宜温度（℃）： 20 ～ 30

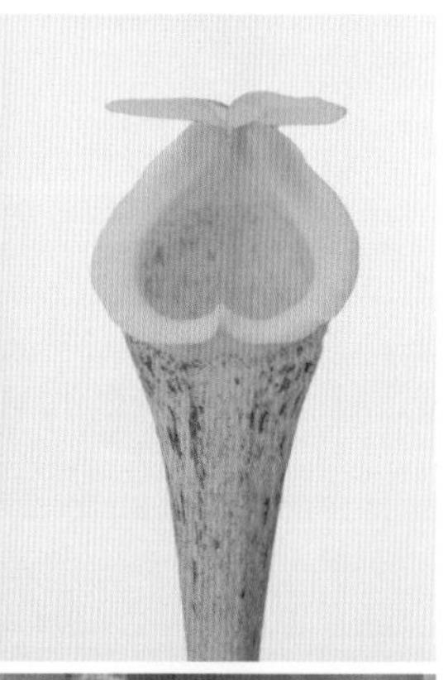

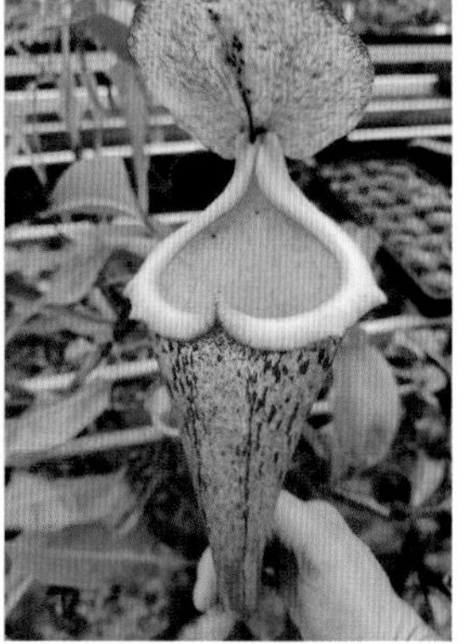

陈氏 × 博世猪笼草

Nepenthes×(*chaniana*×*boschiana*)

生存温度（℃）： 5 ～ 36

适宜温度（℃）： 日 28，夜 18

陈氏 ×（劳氏 × 博世）猪笼草
Nepenthes ×[*chaniana* ×(*lowii*×*boschiana*)]

生存温度（℃）： 5 ～ 36
适宜温度（℃）： 日 28，夜 18

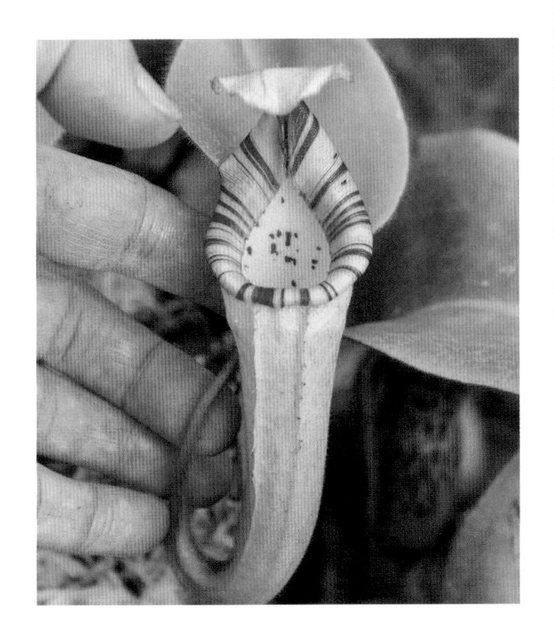

陈氏 × 维奇猪笼草
Nepenthes ×(*chaniana* × *veitchii*)

生存温度（℃）： 5 ～ 36
适宜温度（℃）： 日 28，夜 18

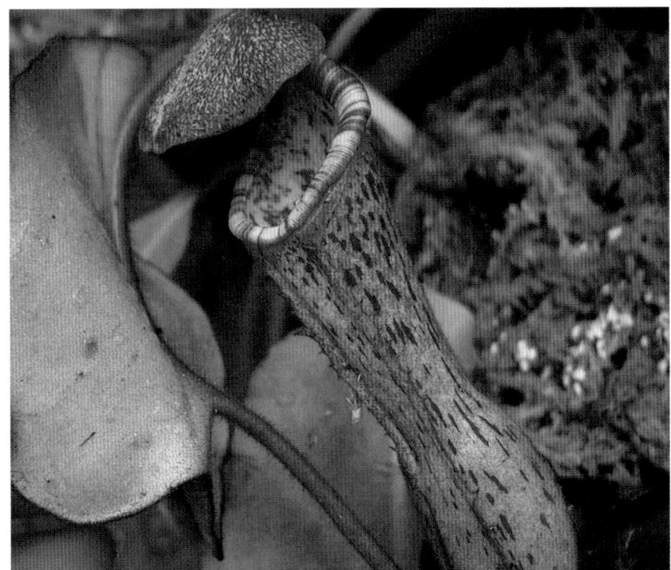

圆盾 ×（圆盾 × 艾玛）猪笼草
Nepenthes ×[*clipeata* ×(*clipeata* × *eymae*)]

此杂交种和原种圆盾猪笼草长得十分相似，市场上容易把两者混淆，相同环境下，其长得比圆盾猪笼草更快。

生存温度（℃）： 5 ～ 37
适宜温度（℃）： 日 28，夜 18

绯红猪笼草

Nepenthes× coccinea/
N.×(rafflesiana×ampullaria) × mirabilis

人类历史上第一个人工培育的猪笼草（1882 年），具有里程碑式的意义。也是小虫草堂最早引进的猪笼草品种之一（2006 年）。非常强健，生长速度很快，由于长得太快常被“砍头”，现在依然有三四米长。

生存温度（℃）： 10 ～ 38
适宜温度（℃）： 20 ～ 32

密花 × 塔蓝山猪笼草

Nepenthes×(*densiflora*×*talangensis*)

生存温度（℃）： 5 ～ 35

适宜温度（℃）： 日 28，夜 18

密花 × 葫芦猪笼草

Nepenthes×(*densiflora*×*ventricosa*)

生存温度（℃）： 5 ～ 35

适宜温度（℃）： 日 28，夜 18

黛瑞安娜猪笼草

Nepenthes×*dyeriana* / *N.* ×[(*northiana*× *maxima*)×(*rafflesiana* × *veitchii*)]

黛瑞安娜猪笼草是非常优良的大型杂交种，很容易种植，轻松就能把笼子养得非常巨大，不用像它的亲本一样，要等许多年才能看到华丽的宽唇，出色的表现也使其成为备受玩家推崇的杂交种！

生存温度（℃）： 5 ～ 38

适宜温度（℃）： 20 ～ 32

笼高45厘米

黛瑞安娜猪笼草的历史

从人类在 1658 年记录第一棵猪笼草 *Nepenthes madagascariensis* 开始，应该没有一个杂交种有黛瑞安娜一般传奇的身世了。

维多利亚时代，英国正处于巅峰时期，从英国出发的各种探险船遍布世界。于是猪笼草作为珍稀植物进入了当时英国贵族的花园。

在英国这个喜欢花卉的国家，当时的植物学家大都是一些贵族，开始自己杂交培育新的园艺品种，也是在那个时代，黛瑞安娜被英国人杂交出来。

当黛瑞安娜被刚刚种出小苗时，几乎所有的园艺爱好者都在嘲笑这个品种，因为它在幼苗期并没有太多漂亮的花纹，只是笼子比较大，并不符合当时偏爱华丽的审美观。

只有它的培育者没有放弃，他相信诺斯的华丽和维奇的宽唇一定会遗传到这个品种里。于是他把黛瑞安娜放在了温室的角落，尽量不让人看到，等待它长大。

三年后，当黛瑞安娜猪笼草第一次展现在世人面前时，英国的园艺爱好者和贵族们沸腾了。它的美丽和巨大征服了所有人。人们无法相信这就是当年那个“丑小鸭”。培植者终于扬眉吐气了，将它以当时公认美丽的黛瑞安娜王妃命名。当年的切尔西花展，黛瑞安娜当之无愧夺得了最佳热带园艺品种的称号。热带植物爱好者纷纷四处打听哪里可以买到，大家无不以拥有一棵黛瑞安娜为荣。

好景不长，没过多久，第二次世界大战打响，英国皇家植物园被炸毁。英国的漫漫寒冬冻死了几乎所有热带植物。翌年人们去清理废墟时，在热带植物馆旧址的一片焦黑中看到了一抹神奇的绿色。没错，那就是黛瑞安娜。

作为世界上成功的杂交种之一，黛瑞安娜不怕冷和热，生长速度快，笼子巨大，颜色艳丽，汇集了亲本的优点，且比亲本更优秀。

它不仅是一棵植物，还代表了人类杂交猪笼草的一段辉煌历史。

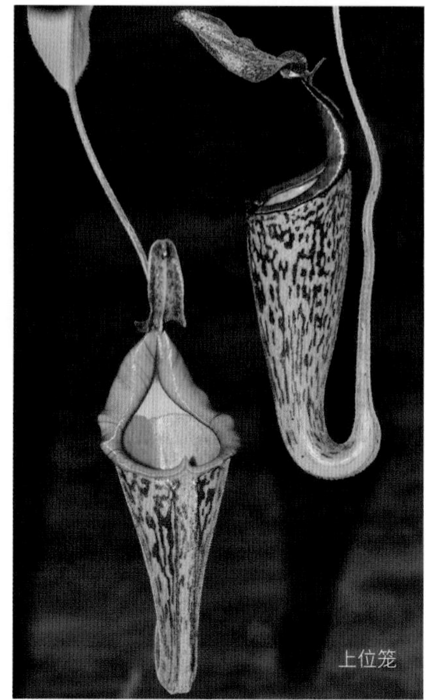

盖亚猪笼草

Nepenthes × 'Gaya' / *N.* ×[*khasiana* × (*ventricosa* × *maxima*)]

一个强健的杂交种，近年来出现在花市，强光下笼叶比例大，但成株笼子并不是特别大，一般不超过 20 厘米，应该是生长最快的“花市猪”，适合新手练手。

生存温度（℃）： 8 ～ 38

适宜温度（℃）： 20 ～ 32

绅士猪笼草

Nepenthes × *gentle* / *N.* × (*fusca* × *maxima*)

生存温度（℃）： 5 ～ 38

适宜温度（℃）： 20 ～ 32

红斑猪笼草

Nepenthes×('Gentle' ×*maxima*) / *N.* ×[(*fusca*×*maxima*)×*maxima*]

该猪笼草一度被认为是绅士猪笼草，但观其形态并非真正的绅士猪笼草。绅士猪笼草叶片、笼子多毛，笼子上的斑纹呈深褐色或红褐色；该猪笼草只在叶片上有不大明显的短毛，笼子上的斑纹呈红褐色或红色。

生存温度（℃）： 5～38

适宜温度（℃）： 20～32

有腺 × 博世猪笼草

Nepenthes×(*glandulifera*×*boschiana*)

强健粗壮的杂交种，生长快，容易种植，笼子长，带花唇。

生存温度（℃）： 5～37

适宜温度（℃）： 日 28，夜 18

(有腺 × 博世)×
(劳氏 × 博世)猪笼草

Nepenthes×[(*glandulifera*×*boschiana*)×(*lowii*×*boschiana*)]

生存温度(℃): 5～35
适宜温度(℃): 日 25，夜 15

钩唇 × 圣杯猪笼草

Nepenthes×(*hamata*×*platychila*)

两个知名猪笼草的杂交种，像是个“富二代”，一身华丽。

生存温度(℃): 5～35
适宜温度(℃): 日 28，夜 18

1~5 虎克猪笼草（三色）
N. ×*hookeriana* ‘Harlequin’
6~9 虎克猪笼草（斑点红唇）
N. ×*hookeriana* ‘Speckled hot Lip’

虎克猪笼草

Nepenthes×*hookeriana*

生存海拔（米）： 0 ～ 450
生存温度（℃）： 10 ～ 38
适宜温度（℃）： 20 ～ 32
原产地： 马来西亚、印度尼西亚 、新加坡

莱佛士猪笼草与苹果猪笼草的自然杂交种，广泛分布于亲本共同存在的地区，笼子矮胖可爱，有多个个体。

1~4 劳氏 × 博世猪笼草花唇品种
5 下位笼
6 上位笼

1	2	3
4	5	6

劳氏 × 博世猪笼草
Nepenthes×(*lowi*×*boschiana*)

非常华丽的一个杂交种，体型巨大，在种植上会比劳氏猪笼草好养很多。

生存温度（℃）： 5～35

适宜温度（℃）： 日 25，夜 15

古普猪笼草

Nepenthes× *kuchingensis* /
N.×(*ampullaria*×*mirabilis*)

苹果猪笼草与奇异猪笼草的自然杂交种，分布广泛。

生存海拔（米）： 0 ～ 450
生存温度（℃）： 10 ～ 38
适宜温度（℃）： 20 ～ 32
原产地： 马来西亚、印度尼西亚、新几内亚、泰国

劳氏 × 风铃猪笼草

Nepenthes×(*lowii*× *campanulata*)

玩家非常喜爱的一个杂交种，上位笼笼身呈漏斗形，笼盖下方会分泌白色糖霜。

生存温度（℃）： 5 ～ 36
适宜温度（℃）： 日 25，夜 15

1	2	3
4	5	6

1、2 下位笼
3 中上位笼
4、5 笼子厚实，即使干枯仍保持其形态
6 发达的唇肋、唇齿

（劳氏 × 维奇）× 博世猪笼草

Nepenthes×[*lowii*×(*veitchii*×*boschiana*)]

体型巨大，笼子暗红色，厚实如革。

生存温度（℃）： 5～35

适宜温度（℃）： 25 日，15 夜

劳氏 × 显目猪笼草
Nepenthes×(*lowii*×*spectabilis*)

生存温度（℃）： 5～35
适宜温度（℃）： 日 25，夜 15

劳氏 × 葫芦猪笼草
Nepenthes ×(*lowii*×*ventricosa*)

非常美丽且容易种植的品种，对温度的耐受性很强（葫芦猪笼草果然强悍，葫芦简直就是好养“万能交”，轻松实现无设备种植）！曾是售价千元以上的昂贵品种，如今由于国内组培量产（称之黑精灵猪笼草），价格已经非常亲民，适合新手入门的高地品种。

生存温度（℃）： 5～37
适宜温度（℃）： 日 28，夜 18

上位笼很靓，“肤白貌美，性感红唇”

海盗 × 红苹果猪笼草

Nepenthes ×（*mirabilis* var. *globosa* ×*ampullaria* 'Red'）

生存温度（℃）： 10～38

适宜温度（℃）： 20～32

海盗 × 印度猪笼草

Nepenthes ×(*mirabilis* var. *globosa* × *khasiana*)

由两个非常强健的低地猪笼草杂交而成，根系发达，不怕积水，生长迅速，适合新手入门。

生存温度（℃）： 5～38

适宜温度（℃）： 20～32

海盗 × 米兰达猪笼草

Nepenthes ×(*mirabilis* var. *globosa*×*miranda*)

由两个非常强健的低地猪笼草杂交而成，生长迅速，有多个不同个体。

生存温度（℃）： 8 ～ 38

适宜温度（℃）： 20 ～ 32

1 下位笼
2~4 上位笼
5 幼苗

米兰达猪笼草
Nepenthes×miranda / N.×[(maxima×northiana)×maxima]

国内的一种“花市猪笼草”，和黛瑞安娜猪笼草一样，叶片、笼子都非常巨大，拥有华丽的宽唇和漂亮的红色斑点，生长迅速。

生存温度（℃）：10～38
适宜温度（℃）：20～32

莱佛士 × 辛布亚猪笼草
Nepenthes×(rafflesiana×sibuyanensis)

生存温度（℃）：5～38
适宜温度（℃）：20～32

红灯猪笼草

Nepenthes × 'Rebecca Soper' / *N.* × (*gracillima* × *ventricosa*)

最抗冻、耐热的一种“花市猪笼草”，整株红褐色，国内室内种植，无须设备，均表现良好，非常适合新手种植！

生存温度（℃）： 2 ～ 38
适宜温度（℃）： 20 ～ 32

罗伯坎特利 × 维奇猪笼草

Nepenthes × (*robcantleyi* × *veitchii*)

生存温度（℃）： 5 ～ 35
适宜温度（℃）： 日 28，夜 18

辛布亚 × 显目猪笼草

Nepenthes×(*sibuyanensis*×*spectabilis*)

生存温度（℃）： 5 ～ 35

适宜温度（℃）： 日 28，夜 18

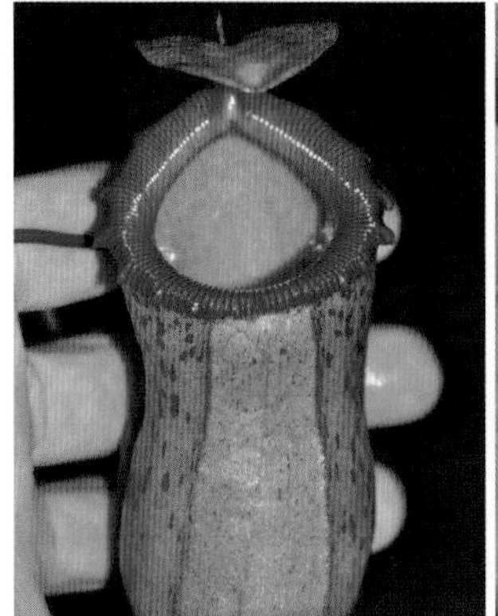

辛布亚 × 葫芦猪笼草

Nepenthes×(*sibuyanensis*×*ventricosa*)

非常可爱的矮胖型猪笼草，相比辛布亚猪笼草的水桶腰多了“腰身”，但还是个“胖妞”，也没那么“娇贵”了。

生存温度（℃）： 5 ～ 37

适宜温度（℃）： 日 28，夜 18

欣佳浪山 × 钩唇猪笼草
Nepenthes×(*singalana*×*hamata*)

唇肋、唇齿非常明显的杂交种，相比同类型原种种植难度降了一级。

生存温度（℃）： 5～35
适宜温度（℃）： 日 25，夜 15

欣佳浪山 × 惊奇猪笼草
Nepenthes×(*singalana*×*mira*)

生存温度（℃）： 5～33
适宜温度（℃）： 日 25，夜 15

匙叶 × 博世猪笼草

Nepenthes×(*spathulata*×*boschiana*)

比较容易种植的品种，随着植株成熟，它的唇会变得非常宽，并且在颜色上会有不同程度的变化。

生存温度（℃）： 5～35
适宜温度（℃）： 日 28，夜 18

匙叶 × 风铃猪笼草

Nepenthes×(*spathulata*×*campanulata*)

生存温度（℃）： 5～35

适宜温度（℃）： 日 28，夜 18

匙叶 × 上位猪笼草

Nepenthes×(*spathulata*×*diatas*)

生存温度（℃）： 5～35

适宜温度（℃）： 日 25，夜 15

匙叶 × 有腺猪笼草

Nepenthes×(*spathulata*×*glandulifera*)

生存温度（℃）：5～35

适宜温度（℃）：日 28，夜 18

匙叶 × 贾桂琳猪笼草

Nepenthes×(*spathulata*×*jacquelineae*)

比原种贾桂琳猪笼草强健很多，又保留了其独特的形态。

生存温度（℃）：5～35

适宜温度（℃）：日 28，夜 18

匙叶 × 卵形猪笼草

Nepenthes×(*spathulata*×*ovata*)

形态和卵形猪笼草比较相似，有宽大而美丽的唇。

生存温度（℃）： 5 ~ 35

适宜温度（℃）： 日 25，夜 15

匙叶 × 罗伯坎特利猪笼草

Nepenthes×(*spathulata*×*robcantleyi*)

生存温度（℃）： 5 ~ 35

适宜温度（℃）： 日 28，夜 18

（匙叶 × 显目）×（陈氏 × 维奇）猪笼草

Nepenthes×[(*spathulata*×*spectabilis*)
×(*chaniana*×*veitchii*)]

生存温度（℃）： 5 ~ 36
适宜温度（℃）： 日 28，夜 18

显目 × 马兜铃猪笼草

Nepenthes×(*spectabilis*× *aristolochiodes*)

生存温度（℃）： 5 ~ 33
适宜温度（℃）： 日 25，夜 15

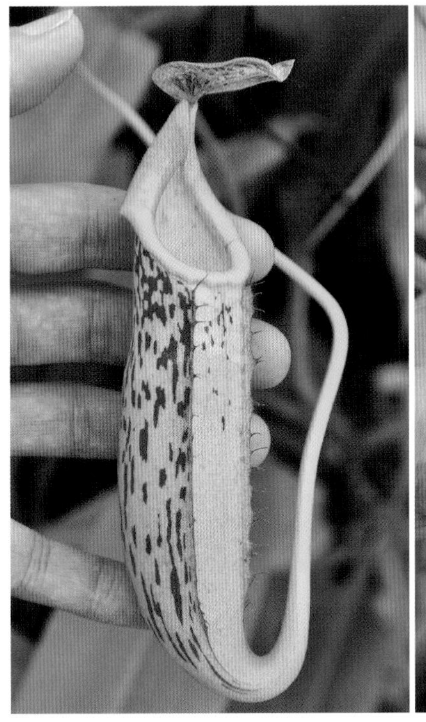

显目 × 惊奇猪笼草

Nepenthes×(*spectabilis*×*mira*)

生存温度（℃）： 5～35
适宜温度（℃）： 日 28，夜 18

（显目 × 惊奇）× 博世猪笼草

Nepenthes×[(*spectabilis*×*mira*)×*boschiana*]

生存温度（℃）： 5～35
适宜温度（℃）： 日 28，夜 18

显目 × 塔蓝山猪笼草

Nepenthes×(*spectabilis*×*talangensis*)

生存温度（℃）： 5～35
适宜温度（℃）： 日 25，夜 15

(显目 × 葫芦) × 马兜铃猪笼草

Nepenthes ×[(*spectabilis*× *ventricosa*) ×*aristolochiodes*]

生存温度（℃）：5～33
适宜温度（℃）：日 25，夜 15

宝特 × 鞍型猪笼草

Nepenthes×(*truncata*×*ephippiata*)

体型非常庞大的直立型猪笼草，成株直径一般都超过 1 米，叶片、笼子厚实，生长速度比较慢，笼盖下有丰富的蜜腺。

生存温度（℃）：5～35
适宜温度（℃）：日 28，夜 18

特鲁斯马迪山猪笼草

Nepenthes×*trusmadiensis* / *N.*×(*lowii*×*macrophylla*)

又称土鲁斯玛迪猪笼草，是劳氏猪笼草和大叶猪笼草的自然杂交种，发现于马来西亚的特鲁斯马迪山，因此得名。生长于海拔 2 500～2 600 米的山顶，笼子巨大而坚硬，呈暗褐色。

生长海拔（米）：2 500～2 600
生存温度（℃）：5～33
适宜温度（℃）：日 25，夜 15
原产地：马来西亚（婆罗洲岛）

维奇 × 博世猪笼草

Nepenthes×(*veitchii*×*boschiana*)

生长快，体型大，笼子修长，容易种植。

生存温度（℃）： 5 ~ 37

适宜温度（℃）： 日 28，夜 18

（维奇 × 博世）× 米兰达猪笼草

Nepenthes ×[(*veitchii*×*boschiana*) × *miranda*]

生存温度（℃）： 5 ~ 37

适宜温度（℃）： 20 ~ 30

维奇 × 胡瑞尔猪笼草

Nepenthes×(*veitchii*×*hurrelliana*)

生存温度（℃）： 5～35
适宜温度（℃）： 日 28，夜 18

维奇 × 圣杯猪笼草

Nepenthes×(*veitchii*×*platychila*)

非常优秀的杂交品种，不用长得特别大就会有华丽的唇，种植较为简单。

生存温度（℃）： 5～35
适宜温度（℃）： 日 28，夜 18

维奇 ×(劳氏 × 博世)猪笼草

Nepenthes×[*veitchii*×(*lowii*× *boschiana*)]

小虫草堂培育品种，拥有大宽唇，有多个个体。

生存温度（℃）： 5～37

适宜温度（℃）： 日 28，夜 18

维奇 × 米兰达猪笼草

Nepenthes×(*veitchii*×*miranda*)

小虫草堂培育品种，继承了两个亲本的优点，带线大宽唇，绝美的糖果色，巨大又超级华丽，是最美猪笼草之一。

生存温度（℃）：5 ～ 37

适宜温度（℃）：20 ～ 30

维奇 ×(劳氏 × 风铃)猪笼草

Nepenthes×[*veitchii*×(*lowii*×*campanulata*)]

小虫草堂培育品种，大部分个体幼笼时颜色和笼形偏向于劳氏 × 风铃猪笼草，随着植株生长，笼身变得宽厚，笼唇带着美丽的红色唇线，笼盖有发达的蜜腺。

生存温度（℃）： 5 ～ 37
适宜温度（℃）： 日 28，夜 18

维奇 ×(显目 × 惊奇)猪笼草

Nepenthes×*veitchii*×(*spectabilis*×*mira*)

生存温度（℃）： 5 ～ 37
适宜温度（℃）： 日 28，夜 18

葫芦猪笼草的杂交种一般种植难度都不大，抗冻、耐热性都不错，不需要设备，在室内就能成活，但要养出好的状态还需给它提供最佳生长环境。

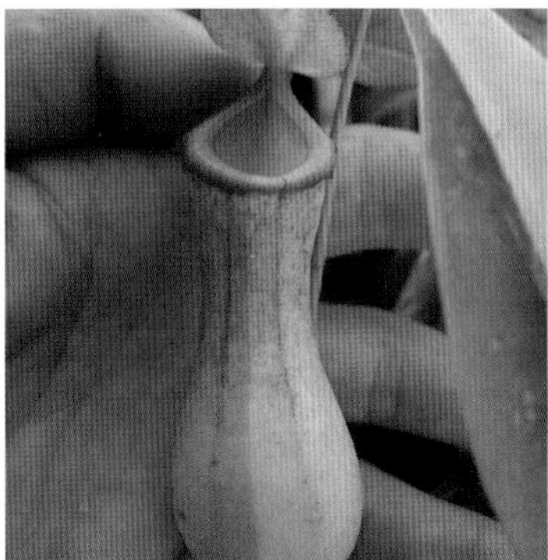

在种植过程中，猪笼草也会出现叶绿素缺失的锦化个体，有些能够稳定下来，有些长出的新叶就没有锦化了……

红瓶猪笼草

Nepenthes×ventrata / N. ×(ventricosa×alata)

红瓶猪笼草是葫芦猪笼草和翼状猪笼草的杂交种，是国内最早实现产业化的商品猪笼草，21 世纪初就开始出现在花卉市场。

2004 年从花卉市场及种苗商购入此品种，当时大概是出口转内销，国内市场从处理尾货开始发展起来，厂家都称它为阿拉塔（alata），没有正式的中文名。经过对比发现它并不是翼状猪笼草，而是翼状猪笼草和葫芦猪笼草的杂交种。当时猪笼草常被当成年宵花来售卖，因其有着红色的笼子，很符合人们“红红火火”过年的风俗。因此我们称它为“红瓶猪笼草”。种上一盆红瓶猪笼草承载着人们对新年的期盼，红红火火过大年，猪笼入水财源滚滚，袋袋（代代）平安，为猪笼草赋予了美好的寓意。

红瓶猪笼草由于适应能力强，相对容易种植，历经 20 年，至今依然长盛不衰，在各大花市都能看到它，它代表了中国食虫植物的发展历史！

生存温度（℃）： 5 ～ 38
适宜温度（℃）： 20 ～ 32

葫芦 × 马兜铃猪笼草
Nepenthes×(*ventricosa*×*aristolochioides*)

生存温度（℃）： 5～35
适宜温度（℃）： 日 25，夜 15

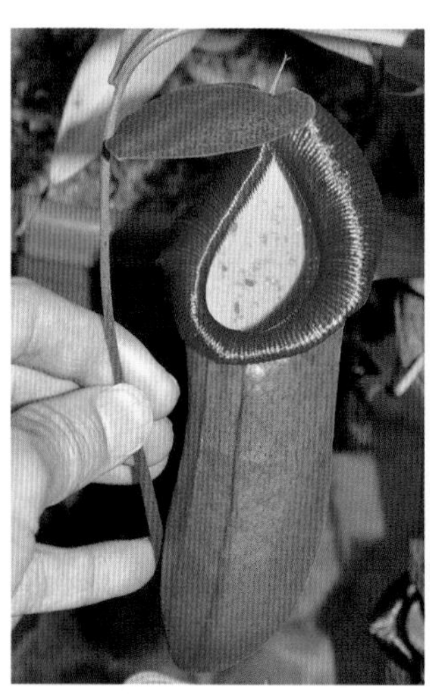

红葫芦 × 罗布斯塔猪笼草
Nepenthes×(*ventricosa* 'Red' ×*bongso* var. *robusta*)

生存温度（℃）： 5～35
适宜温度（℃）： 日 28，夜 18

葫芦 × 博世猪笼草
Nepenthes×(*ventricosa*×*boschiana*)

葫芦猪笼草杂交种中好养的种类之一，非常强健好活！南方可全年户外种植。

生存温度（℃）： 5～38
适宜温度（℃）： 20～30

葫芦 × 刚毛猪笼草

Nepenthes×(*ventricosa*×*hirsuta*)

生存温度（℃）：5 ～ 38
适宜温度（℃）：20 ～ 30

葫芦 × 宝琳猪笼草

Nepenthes×(*ventricosa*× 'Lady Pauline')/ *N.* ×[*ventricosa* ×(*talangensis*×*maxima*)]

生存温度（℃）：5 ～ 38
适宜温度（℃）：日 28，夜 18

奶油瓶 × 马桶猪笼草

Nepenthes×(*ventricosa* 'Cream' ×*jamban*)

生存温度（℃）：5 ～ 35
适宜温度（℃）：日 25，夜 15

葫芦 × 马普鲁山猪笼草

Nepenthes×(*ventricosa*×*mapuluensis*)

生存温度（℃）：5～38
适宜温度（℃）：20～30

葫芦 × 诺斯猪笼草

Nepenthes×(*ventricosa*×*northiana*)

生存温度（℃）：5～38
适宜温度（℃）：20～30

葫芦 × 海盗猪笼草

Nepenthes×(*ventricosa*×*mirabilis* var. *globosa*)

生存温度（℃）：5～38
适宜温度（℃）：20～30

葫芦 × 莱佛士猪笼草

Nepenthes×(*ventricosa*×*rafflesiana*)

生存温度（℃）： 5 ～ 38

适宜温度（℃）： 20 ～ 32

（葫芦 × 诺斯）×（维奇 × 博世）猪笼草

Nepenthes×[(*ventricosa*×*northiana*)×(*veitchii*×*boschiana*)]

生存温度（℃）： 5 ～ 37

适宜温度（℃）： 20 ～ 30

葫芦 × 罗伯坎特利猪笼草

Nepenthes×(*ventricosa*×*robcantleyi*)

生存温度（℃）： 5～37

适宜温度（℃）： 日 28，夜 18

葫芦 × 欣佳浪山猪笼草

Nepenthes×(*ventricosa*×*singalana*)

生存温度（℃）： 5～35

适宜温度（℃）： 日 28，夜 18

葫芦 × 辛布亚 × 美琳猪笼草

Nepenthes×[(*ventricosa*×*sibuyanensis*) ×*merrilliana*]

外观和美琳猪笼草相似，但更容易长出大笼子，即使在低地猪笼草的种植环境下，笼子的容积也能轻松超过 1 升。

生存温度（℃）： 5 ～ 35

适宜温度（℃）： 日 28，夜 18

葫芦 × 显目猪笼草
Nepenthes×(*ventricosa*×*spectabilis*)

比较容易种植的品种，成熟后会有绚丽的笼身和唇线。

生存温度（℃）： 5～35
适宜温度（℃）： 日 28，夜 18

葫芦 × 塔蓝山猪笼草
Nepenthes×(*ventricosa*×*talangensis*)

可爱的小型猪笼草，适合微景观造景，从树桩或岩壁上垂下来的效果非常好。

生存温度（℃）： 5～35
适宜温度（℃）： 日 28，夜 18

二、捕蝇草

捕蝇草属于茅膏菜科捕蝇草属，全属仅 1 个原生种，但有许多变种、杂交种，食虫植物图库现已收入园艺品种近千种（2022 年）。许多园艺品种非常相似，难以区分，这里为大家展示部分特征较为明显的品种及经典品种。

异形捕蝇草

Dionaea muscipula ‘Alien’

异形捕蝇草以美国科幻电影《异形》命名，夹子背侧有较大弯曲，弯曲弧度很容易让人联想到《异形》。异形捕蝇草全年贴地生长，夹子长而窄，像是被拉长了，边缘的齿较短，成熟时，有齿翼及齿粘连的现象。夹子内侧感觉毛异常多，远远超出典型捕蝇草的 3 对感觉毛，因此很容易触发夹子使其闭合。成熟植株的夹子长达 4 ～ 5 厘米。

全绿捕蝇草

Dionaea muscipula 'All Green'

形态上和典型捕蝇草相似，但全年呈纯绿色，即使光照非常强，夹子内侧也只有淡淡的粉红色。

全红捕蝇草

Dionaea muscipula 'All Red'

光照充足时整株红色，光照不足时也会呈现绿色。最大的特点在于它的花，雌蕊是红色的，花瓣上有红色的脉（典型品种雌蕊是淡黄色的，脉是半透明的）。

圆齿捕蝇草

Dionaea muscipula 'Adentate'

形态和贝壳捕蝇草很相似，但是圆齿捕蝇草属于直立品种，夏叶直立，冬季休眠叶平躺，光照充足时夹子内侧会呈现鲜艳的红色。

天使之翼捕蝇草

Dionaea muscipula 'Anglewings'

夹子呈 180°外翻，就如展开的翅膀，全年贴地生长。

B52 捕蝇草

Dionaea muscipula 'B52'

非常优良的大型捕蝇草品种，生长旺盛，有着巨大的夹子和粗壮的叶柄，夹子最大可长达 6 厘米；夹子张开的角度比典型捕蝇草更大，光照充足时夹子内侧和齿呈深红色。它的名字是为了纪念二战时期的 B-52 轰炸机。想要养出最佳状态的 B52，就需要给予更加充足的光照，不然其特征很难显现。

红锯齿捕蝇草

Dionaea muscipula 'Bohemian Garnet' /
D. muscipula 'Red Sawtooth'

光照充足时颜色类似皇家红，除齿的边缘为黄色外，整株呈深红色，光照不足时部分植株会出现较多的绿色；夹子的齿类似典型的锯齿，夹子三角形的齿上面大部分长出 2 个或更多触角，未成熟的幼株特征不明显。

怒齿捕蝇草

Dionaea muscipula 'Bristle Tooth'

夹子的齿比锯齿更加不规则，密集短小的齿参差不齐，分布在夹子的边缘，像是野兽发怒时的鬃毛。

宝贝捕蝇草

Dionaea muscipula 'Burbank' s Best'

叶片呈莲座状生长，且平贴于地面，叶柄较为短小，四周分布均匀且长短一致，外形十分完美；在光照充足时整株仍然为黄绿色，但在秋季以后夹子内侧会变成淡红色；与其他捕蝇草相比，冬季更不容易休眠，枯叶较少，是冬季状态最好的捕蝇草之一。

饺子捕蝇草

Dionaea muscipula ‘CCP Dumpling’

小虫草堂在 2016 年选育的变异捕蝇草，夹子边缘没有齿毛，成株夹子边缘呈波浪状皱边，当夹子闭合时与饺子非常相似。经过 5 年观察，性状稳定，原先称无齿捕蝇草，2021 年正式命名为饺子捕蝇草。

红色日落捕蝇草

Dionaea muscipula ‘Clayton’ s Red Sunset’

叶柄总是长而细，不像别的品种有时叶柄会比较宽；光照充足时整株呈暗红色，比其他红色的品种颜色都要深，但在未成熟夹子的齿及边缘会呈黄色；冬季 5°C以下，夹子一般都会枯萎，只剩下鳞茎，不像别的品种会留下部分夹子；开花时花瓣为梭形，5 片，并有一个红色的柱头。

集群陷阱捕蝇草
Dionaea muscipula 'Cluster trap'

又叫梳子捕蝇草，相比典型捕蝇草，拥有更长的捕虫夹，夹子打开的幅度更小，夹子的齿更加密集。

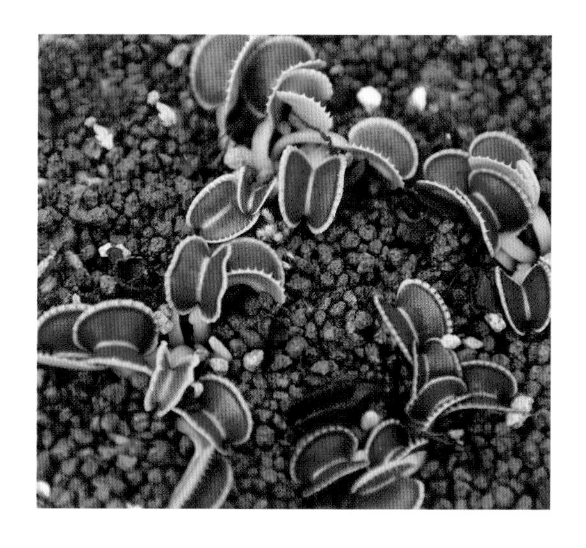

贝壳捕蝇草
Dionaea muscipula 'Coquillage'

有着非常短的齿，形态就像贝壳，全年贴地生长，成株夹子往往不超过 3 厘米。

浪柄捕蝇草
Dionaea muscipula 'Crested Petioles'

和典型捕蝇草相比，夹子和叶柄连接处更加细长，部分叶柄的上部有块状或刺状突起，花瓣 5 片，呈椭圆形。

十字牙捕蝇草
Dionaea muscipula 'Cross Teeth'

夹子比典型捕蝇草要短，夹子的齿有时会出现部分粘连甚至交错的形态，叶柄厚实，细而长或呈楔形，花瓣细长，8片。

威龙捕蝇草
Dionaea muscipula 'Cudo'

全球最小的捕蝇草品种，一般成株直径只有1～3厘米，整个夹子向外侧弯曲，一般不会开花。

杯夹捕蝇草

Dionaea muscipula 'Cupped Trap' / *D.muscipula* 'Cup Trap'

非常容易辨别的品种，夹子顶部融合在一起，形成一个凹陷的陷阱，花瓣 5 片，稍窄（原先价格高昂，百元起，受到玩家的追捧！后因国内大量组培生产，价格跌至十多元，却无人问津，慢慢在市场上绝迹…… 排除价格因素及稀缺性，杯夹捕蝇草还是非常经典、有特色的品种，不应该被埋没）。

齿状捕蝇草

Dionaea muscipula 'Dentate Traps' / *D.muscipula* 'Dente' / *D.muscipula* 'Dentate'

20 世纪 70 年代美国野外采集发现的一个变异种，也是非常经典的品种！其生长旺盛，有着巨大的夹子和粗壮的叶柄，明显特征是夹子边缘有短三角形的齿，不同于典型捕蝇草的长线状；叶柄除了冬天几乎都是直立的；但未成熟的幼株特征不明显；花瓣 5 片，稍窄。

德库拉捕蝇草

Dionaea muscipula 'Dracula'

德库拉捕蝇草从 G14 和齿状捕蝇草杂交的实生苗中选育而来，夹子类似齿状捕蝇草，夹子边缘有短三角形的齿。区别是叶柄较短，不会长直立叶，夹子背侧较为弯曲，光照充足时夹子内侧呈鲜红色或紫红色，外侧边缘通常有红线。

尖牙捕蝇草

Dionaea muscipula 'Fang'

夹子的齿比典型捕蝇草稍长些，排列也要稍微稀疏一些；整个夹子向外侧弯曲；花瓣 5 片，稍窄。

美人齿捕蝇草

Dionaea muscipula 'Fine Tooth and Red'

很短的叶柄上会长出很大的夹子；夹子的齿就像是拔长了的鲨鱼齿，非常尖利，介于鲨鱼齿捕蝇草与典型捕蝇草之间；叶片始终平贴于地面，不会直立，叶柄宽大。

漏斗捕蝇草

Dionaea muscipula 'Funnel Trap'

夹子靠近叶柄一侧融合在一起，就像一个漏斗，也会长出部分正常的夹子，特别是在冬季看不到特征夹；叶柄一般较窄，多数叶柄上有不规则的突起。它和杯夹捕蝇草的夹子融合方向正好相反，真是绝美的一对。

融齿捕蝇草

Dionaea muscipula 'Fused Tooth'

夹子的齿较少，有时会出现部分粘连甚至交错的形态，夏季特别明显，冬季又趋向于典型捕蝇草的形态；花瓣 5 片，稍窄。

火嘴捕蝇草

Dionaea muscipula 'Fire Mouth'

一般叶柄细长，夹子边缘不规则向外折，光照充足时夹子内侧呈红色，像艳丽的红唇。

G16 捕蝇草

Dionaea muscipula 'G16'/
D.muscipula 'Slack' s Giant' /
D.muscipula 'South West Giant'

呈紧密莲座状生长，有巨大的夹子，光线充足时夹子内侧更容易呈现鲜红色，并在夹子外侧靠近齿的边缘有一条红色的弧线；夏季会长出非常长的叶柄；花瓣 5 片，较窄。

巨夹捕蝇草

Dionaea muscipula 'Giant Traps'

来源于小虫草堂 2007 年齿状捕蝇草播种变异，形态特征类似典型捕蝇草，但生长旺盛，夹子巨大，是非常优良的变异种。

绿色食人鱼捕蝇草
Dionaea muscipula 'Green Piranha'

由小虫草堂在 2007 年食人鱼捕蝇草播种选育出的变异种，外形和食人鱼捕蝇草相似，夹子的齿呈现两边带触角的短三角形形状，像食人鱼的牙齿，未成熟的幼株特征不明显；即使光照充足，整株颜色仍为绿色，只在夹子的内侧呈现红色。该品种比普通的食人鱼捕蝇草生长更快，夹子更大，是非常优良的栽培变种。

绿巫师捕蝇草
Dionaea muscipula 'Green Wizard'

形态和贝壳捕蝇草十分相似，有着非常短的齿且全年贴地生长，不同的是绿巫师捕蝇草在光线充足时夹子内侧不会很红，只有淡淡的粉色。

和谐捕蝇草

Dionaea muscipula 'Harmony'

非常有特点的一种捕蝇草，就算光照充足，全株也是全绿状态，齿小而短，夏季长出的直立或半直立夹子向外侧弯曲，是值得收藏的一个品种。

奸笑捕蝇草

Dionaea muscipula 'Jaws Smiley'

夹子贴地生长，且又长又弯，夹子打开幅度不大，长到一定阶段齿与齿之间会出现小的副齿，且齿的边缘向夹子内侧更加弯曲。

杀手捕蝇草

Dionaea muscipula 'Killer'

由小虫草堂于 2013 年选育出的变异种，夹子酷似某种凶悍动物的牙齿。其夹子边缘的齿短小，部分齿间有不规则小突起，夹子的内侧有 5 ～ 9 对感觉毛（典型捕蝇草一般只有 3 对感觉毛），叶片都平贴于地面，全年不会直立。

大白鲨捕蝇草

Dionaea muscipula 'Jaws'

与齿状捕蝇草相似，夹子边缘有短三角形的齿，相比齿状捕蝇草夹子张开角度较大。

旋律鲨鱼捕蝇草
Dionaea muscipula 'Korean Melody Shark'

其是鲨鱼齿捕蝇草播种出现的变异种，发现于韩国的食虫植物研究所。叶柄细长，齿呈不规则的短三角形。

科里根捕蝇草
Dionaea muscipula 'Korrigans'

夹子与叶柄融合在一起，没有典型捕蝇草细长的颈部（夹子与叶柄连接处），因此闭合速度受影响。

长柄捕蝇草
Dionaea muscipula 'Long Petiole'

生长季节叶柄细长并直立生长，叶柄要比典型捕蝇草更窄，冬季叶柄稍宽，平躺地面。

汤勺捕蝇草

Dionaea muscipula 'Louchapates'

与杯夹捕蝇草相似，夹子顶部融合在一起，但夹子比杯夹捕蝇草更长更大，齿也会出现粘连的情况。

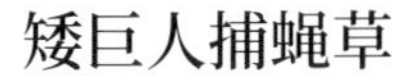

矮巨人捕蝇草

Dionaea muscipula 'Low Giant'

在很短的叶柄上会长出很大的夹子，叶片终年都平贴于地面，叶柄宽大。矮巨人捕蝇草和美人齿捕蝇草一样，都是非常优秀的贴地型捕蝇草，它们的区别在于美人齿捕蝇草的齿更宽大一些。

猴屁股捕蝇草

Dionaea muscipula 'Monkey Ass'

生长季节夹子张开的角度很大，光照充足时夹子内侧呈现红色，有点像猴子的屁股。

镜像捕蝇草

Dionaea muscipula 'Mirror'

一种非常怪异的品种，部分夹子上会长出 1 ～ 2 个畸形夹子，多数对称分布，冬季休眠时特征不明显。

短齿捕蝇草

Dionaea muscipula 'Microdents'

齿小而密集，与杀手捕蝇草的区别在于其齿呈不规格的三角形，杀手捕蝇草的齿更细，光照充足时夹子会变橙红色。

兔齿捕蝇草

Dionaea muscipula 'Rabbit Teeth'

全年绿色，贴地生长，齿短，有粘连。

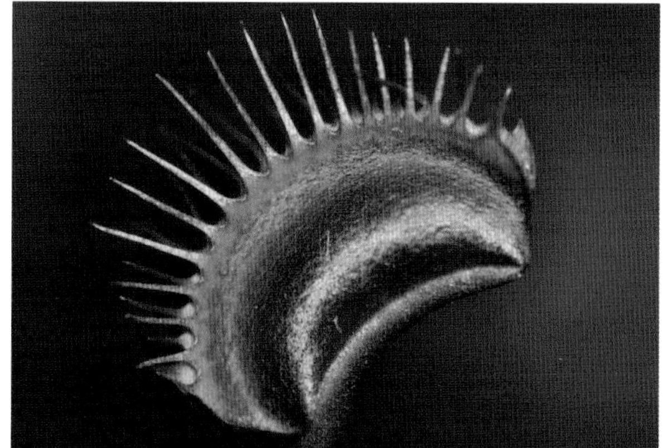

红龙捕蝇草

Dionaea muscipula 'Akai Ryu' /
D.muscipula 'Red Dragon'

光照充足时整株全年呈现暗红色或紫红色，但光照不足时齿的边缘、叶柄等部分也会呈绿色，生长较为缓慢。

烈焰捕蝇草

Dionaea muscipula 'Roaring Flame'

由小虫草堂2007年培育的一个强健杂交种，以齿状捕蝇草与怒齿捕蝇草为亲本进行杂交选育，夹子的齿酷似一个个燃烧的烈焰，或一个个山峰，峰峦叠嶂。

食人鱼捕蝇草

Dionaea muscipula 'Red Piranha'

夹子的齿呈现两边带触角的短三角形，像是食人鱼的牙齿，但未成熟的幼株特征不明显；光照充足时整株呈红色或紫红色，光照不足时齿及边缘呈绿色或黄色，叶柄也会变成绿色。

皇家红捕蝇草

Dionaea muscipula 'Royal Red'

一般在光照充足时除夹子的边缘为绿色或黄色外，整株呈暗红色，夏季直立。

蜘蛛捕蝇草

Dionaea muscipula 'Spider'

除冬季休眠期间平躺于地面外，生长季节都呈 90°直立，叶柄细长。

宝石红捕蝇草

Dionaea muscipula 'Ruby Red'

光线充足时整株呈紫红色，夹子的边缘有时也会是绿色或黄色，全年贴地。

斑锦捕蝇草

Dionaea muscipula ‘Variegated Traps’

由小虫草堂 2010 年发布非常漂亮的变异种，其原本红色的夹子内侧呈现出不规则的缺色斑块，部分夹子的边缘有轻微缺损。

海神捕蝇草

Dionaea muscipula 'Triton'

相当于全绿的汤勺捕蝇草，夹子顶部融合在一起，齿也会出现粘连的情况，整株黄绿色，夹子内侧不会很红，强光下微微带点粉色。

怪异男爵捕蝇草

Dionaea muscipula 'Wacky Traps'

经典的变异捕蝇草，它的夹子发育不完整，质厚有残缺，呈不规则的锯齿状，基本不能闭合，非常怪异，生长缓慢。

狼人捕蝇草
Dionaea muscipula 'Werewolf '

夹子有着短而不规则弯曲的三角形齿，就像张牙舞爪的野兽，叶柄细长，全年黄绿色。

黄色融齿捕蝇草
Dionaea muscipula 'Yellow Fused Tooth'

整株呈黄绿色，光照充足时夹子内侧微微泛红，齿细长，个别会有粘连的现象。

三、茅膏菜

茅膏菜是全球分布的食虫植物，种类众多，形态各异，分类复杂，本书从欣赏、种植的角度出发，提供更具实际意义的系统分类，在栽培种植中可供参考。

热带种群

1. 热带茅膏菜

产自热带、亚热带低地沼泽、湿地的部分茅膏菜，它们喜热、怕冷、喜强光。

阿飞尼丝茅膏菜
Drosera affinis

小型直立茅膏菜，有明显直立茎，高度一般为 10 厘米左右，在非洲分布广泛，尤其是在中南部热带地区多个国家都有发现，容易种植。姿态轻盈，群栽有很好的观赏性。

生存温度（℃）： 2 ～ 38
适宜温度（℃）： 15 ～ 32
原产地： 非洲中南部热带地区

狄尔斯茅膏菜

Drosera dielsiana

小型莲座状茅膏菜，直径 3～6 厘米，产自非洲南部热带地区，容易种植，夏季、冬季都表现良好。

生存温度（℃）： 0～37
适宜温度（℃）： 15～28
原产地： 马拉维、津巴布韦、南非、莫桑比克

幸福茅膏菜

Drosera felix

小型莲座状茅膏菜，直径 2～4 厘米。

生存温度（℃）： 5～37
适宜温度（℃）： 15～30
原产地： 委内瑞拉

锦地罗茅膏菜

Drosera burmannii

也称宽叶毛毡苔，非常美丽的小型莲座状茅膏菜，直径 3 ～ 6 厘米。它是捕虫速度最快的一种茅膏菜，腺毛在被触动后能以肉眼可见的速度卷曲。它也是分布最广的茅膏菜之一，亚洲、大洋洲、非洲的热带和亚热带地区都有发现，在中国的福建、台湾、广东、广西、云南地区也有分布。

我们也被它极端的美丽所吸引，锦地罗茅膏菜也是小虫草堂最早收集的一种茅膏菜之一，感谢一位香港友人赠送的种子。

锦地罗茅膏菜喜热，喜强光，冬季稍怕冷。冬季低温、缺光环境下容易枯萎，成为一年生植物，如能提供良好的环境也可以延续到第二年。但即使不管它，一般在冬季前自花授粉可以结出大量的种子，自然掉落的种子春天会萌发出很多新的植株。

生存温度（℃）： 5 ～ 38
适宜温度（℃）： 20 ～ 32
原产地： 亚洲、大洋洲、非洲的热带和亚热带地区

红色个体

格拉莫哥茅膏菜
Drosera graomogolensis

产自巴西的莲座状直立茅膏菜，直径 5 ～ 10 厘米，外形柔美妖艳，非常迷人！它与阔叶茅膏菜、螺旋茅膏菜等热带高地茅膏菜一样产于巴西山区，有的在同一个栖息地，同样生长在湿润的泥炭混合沙质坡地或裸露岩石的渗水处。可格拉莫哥茅膏菜并不像它们那样娇贵，可以按热带茅膏菜的种植方式来管理，在南美茅膏菜中算是非常好养的一种。

生存温度（℃）： 5 ～ 37
适宜温度（℃）： 15 ～ 30
原产地： 巴西

长叶茅膏菜
Drosera indica

形态与彩虹草相似的一年生直立茅膏菜，最高可达 50 厘米，主茎纤细，长到一定高度时需通过叶片与周围植物相互扶持来固定植株，有时会因为没有支撑物而倒伏弯曲。其广泛分布于亚洲、非洲、大洋洲的热带和亚热带地区，中国分布于台湾、福建、广东、广西等地区。

生存温度（℃）： 5 ～ 37
适宜温度（℃）： 15 ～ 30
原产地： 亚洲、非洲、大洋洲的热带和亚热带地区

长柄茅膏菜（热带）

Drosera intermedia ‘Tropical’

适应能力很强，广泛分布于美洲和欧洲地区的沼泽湿地中，直径 5 ～ 10 厘米，分为温带和热带两种类型，温带种冬季会以休眠芽的形式过冬，热带种冬季一般不休眠，温度接近 0℃时部分叶片会枯萎，接近半休眠状态。

生存温度（℃）： -2 ～ 37（热带）
适宜温度（℃）： 10 ～ 30（热带）
原产地： 美洲、欧洲地区

马达加斯加茅膏菜

Drosera madagascariensis

广泛分布于非洲地区的直立型茅膏菜，整株直立生长可达 25 厘米，主茎纤细，长到一定高度时需通过叶片与周围植物相互扶持来固定植株，有时会因为没有支撑物而倒伏弯曲。

生存温度（℃）： 0 ～ 38
适宜温度（℃）： 15 ～ 28
原产地： 非洲

纳塔尔茅膏菜

Drosera natalensis / D.venusta / D.coccicaulis

直径 3 ～ 6 厘米，冬季稍怕冷。

生存温度（℃）： 5 ～ 35
适宜温度（℃）： 15 ～ 30
原产地： 南非、莫桑比克、马达加斯加

长柱茅膏菜

Drosera oblanceolata

中国特有的小型莲座状茅膏菜，直径 4 ～ 10 厘米。

生存温度（℃）： 5 ～ 37
适宜温度（℃）： 15 ～ 30
原产地： 中国南部（广东、广西、香港等地）

勺叶茅膏菜

Drosera spatulata

也称匙叶茅膏菜、小毛毡苔，小型莲座状茅膏菜，直径 3 ～ 7 厘米，分布广泛，容易种植，一般在冬季前自花授粉可以结出大量种子，自然掉落的种子春天会萌发出很多新植株，很适合新手种植！

生存温度（℃）： 5 ～ 38

适宜温度（℃）： 15 ～ 30

原产地： 中国东南部、日本、菲律宾、印度尼西亚、马来西亚、澳大利亚、新西兰

洛弗丽茅膏菜

Drosera spatulata var. lovellae / Drosera lovellae

勺叶茅膏菜的一个变种，小型莲座状茅膏菜，直径4~7厘米，它的叶柄比勺叶茅膏菜更宽一些，不需要很强的光照，植株就会长得很红很鲜艳。外形漂亮，冬季低温时状态比勺叶茅膏菜更佳，非常适合新手种植！

生存温度（℃）： 2～38
适宜温度（℃）： 15～30
原产地： 澳大利亚

酒红茅膏菜

Drosera×(*capillaris*×*spatulata var. lovellae*)

小虫草堂培育的一个杂交种，小型莲座状茅膏菜，直径4～7厘米，形态和勺叶茅膏菜相似，但比勺叶茅膏菜的叶柄稍长，叶片顶部稍圆，花茎稍短。勺叶茅膏菜一般只有腺毛是红色的，叶片绿色，只有冬季时叶片会呈红色；酒红茅膏菜叶片四季都呈酒红色。

生存温度（℃）： 2～38
适宜温度（℃）： 15～30

2. 热带高地茅膏菜

产自热带高地的茅膏菜，夏季怕热，冬季怕冷，娇贵而稀有。

草叶茅膏菜
Drosera graminifolia

巴西高地特有的一种茅膏菜，分布在海拔 1 800 ～ 1 950 米的山顶附近，栖息在湿润的泥炭混合沙质坡地或裸露岩石的渗水处，株高可达 30 厘米。

生存温度（℃）： 5 ～ 32
适宜温度（℃）： 日 25，夜 15
原产地： 巴西

阔叶茅膏菜
Drosera latifolia

巴西高地特有的莲座状茅膏菜，直径 5 ～ 10 厘米。

生存温度（℃）： 5 ～ 33
适宜温度（℃）： 日 28，夜 15
原产地： 巴西

山地茅膏菜

Drosera montana

产自南美洲高地的小型莲座状茅膏菜，直径 3 ～ 5 厘米，它与无毛茅膏菜很相似，区别在于它的叶片呈长圆形，无毛茅膏菜的叶片呈长倒卵形。

生存温度（℃）： 5 ～ 33
适宜温度（℃）： 日 28，夜 15
原产地： 委内瑞拉、秘鲁、玻利维亚、巴西、巴拉圭、阿根廷

纽喀里多尼亚茅膏菜

Drosera neocaledonica

新喀里多尼亚特有的小型莲座状茅膏菜，直径 4 ～ 6 厘米。

生存温度（℃）： 5 ～ 33
适宜温度（℃）： 日 28，夜 15
原产地： 新喀里多尼亚

螺旋茅膏菜
Drosera spiralis

形态与草叶茅膏菜非常相似，区别是草叶茅膏菜新叶像蕨类植物的叶子一样卷曲，螺旋茅膏菜的新叶像弹簧状卷曲。它们虽然都是巴西米纳斯吉拉斯州的高地特有植物，但栖息地相互隔离，螺旋茅膏菜只分布在海拔700～1 500米的高地。不过同样栖息在湿润的泥炭混合沙质坡地或裸露岩石的渗水处，株高可达30厘米。

生存温度（℃）：5～33
适宜温度（℃）：日28，夜15
原产地：巴西

无毛茅膏菜
Drosera tomentosa var. *glabrata*

巴西高地小型莲座状茅膏菜，直径3～5厘米，无毛是指相对于原种花茎多茸毛的特征，此变种花茎无茸毛。

生存温度（℃）：5～33
适宜温度（℃）：日28，夜15
原产地：巴西

3. 雨林茅膏菜

产自澳大利亚热带雨林的茅膏菜，喜阴、喜高湿，怕冷又怕热，与热带高地猪笼草的生长环境相似。

雨林茅膏菜一共 3 种，分别是阿帝露茅膏菜（*Drosera adelae*）、爱心茅膏菜（*Drosera prolifera*）、叉蕊茅膏菜（*Drosera schizandra*），它们生长于澳大利亚东北部昆士兰州的山区雨林，栖息于溪岸、潮湿的岩壁，甚至林间落叶堆积的空地等。

1 捕到很多“猎物”
2 阿帝露的花
3 在约 3 000 勒克斯补光灯照射下，植株长得巨大
4 适合与猪笼草一起种植

阿帝露茅膏菜
Drosera adelae

最好养的雨林茅膏菜，最大可长到直径 25 厘米，喜阴，喜高湿，也耐强光，但如果暴露在强光下叶片会较小，并呈红色。繁殖能力非常惊人，易分株，也很容易叶插繁殖，适合新手进行叶插练习，会非常有成就感！

生存温度（℃）： 2 ～ 38
适宜温度（℃）： 15 ～ 30
原产地： 澳大利亚昆士兰山区

左侧巨大个体，右侧典型个体

阿帝露茅膏菜（巨大）

Drosera adelae 'Giant'

比典型的阿帝露茅膏菜更加强健，植株最大直径能达 32 厘米，在强光、大温差的条件下叶片更容易变红！

爱心茅膏菜

Drosera prolifera

又称负子茅膏菜，直径 5 ～ 10 厘米，开花后会在花茎上直接长出小苗，非常独特的繁殖方式。适合冷凉、潮湿、明亮的环境，空气湿度建议保持在 70% 以上，夏天需降温，适合用玻璃缸在室内种植，用植物生长灯补光。

生存温度（℃）： 5 ～ 33
适宜温度（℃）： 日 25，夜 15
原产地： 澳大利亚昆士兰山区

叉蕊茅膏菜

Drosera schizandra

又称大白菜茅膏菜，叶片宽大，贴地生长，形态与同样来自澳大利亚的球根茅膏菜相似，直径最大可达近 20 厘米，但往往无法给它提供足够好的环境，植株长不了这么大。它的种植难度是雨林茅膏菜中最高的，适合冷凉、潮湿、明亮的环境，空气湿度建议保持在 70% 以上，夏天需降温，适合用玻璃缸在室内种植，用植物生长灯补光。

生存温度（℃）： 5 ～ 32

适宜温度（℃）： 日 25，夜 15

原产地： 澳大利亚昆士兰山区

4. 北领地茅膏菜

主要产自澳大利亚北领地地区，长柄类莲座状茅膏菜，喜强光、喜高温、极怕冷。

北领地茅膏菜是指主产于澳大利亚北领地地区的一个茅膏菜亚属（Drosera subgenus Lasiocephala，英文 woolly sundews），一般植株呈莲座状，具有长叶柄及细小的盾形叶，多茸毛，外表华丽，犹如孔雀开屏，成株直径一般十多厘米，分布于澳大利亚北部及巴布亚新几内亚，一共约 13 种，知名的如孔雀、大肉饼、小肉饼、银毛、银匙茅膏菜等。

北领地茅膏菜原生地地处热带荒野沙地，白天需经受赤道地区强光直射和高达 45°C的高温考验，又受热带季风气候影响，全年分为旱季和雨季。在如此残酷的环境下，一般植物都难以存活，北领地茅膏菜经过长期演化使自己具备了非常顽强的生命力！

荒野沙地，土壤贫瘠，北领地茅膏菜通过捕食昆虫来获得更多养分，但它们又不同于沼泽地区的茅膏菜，叶柄很长，能扩大捕虫范围，分泌黏液的叶片很小，可减少水分消耗量，提高单位面积的捕虫效果。且许多北领地茅膏菜叶柄、茎部演化出很多白色茸毛，既可以用于收集早晨的露水、保存水分，也可以起到很好的保护作用，夏季降低叶片的蒸腾速率，减少水分流失，冬季保温。植株也会长出长根系，钻入地下深处，以利于旱季时吸收水分，一些物种在冬天旱季会缩成一团，以球状鳞茎形式进入休眠状态长达几个月。

北领地茅膏菜在种植上喜强光、高温，是夏季唯一可以暴晒的茅膏菜，无需遮阳，可抵御 45°C高温。所以夏季种植非常容易，只需放在户外阳台，低腰水（盆下面放水碟）种植。冬季气温需保持 15°C以上不受冻害，唯有孔雀茅膏菜可抵御 5°C低温，冬季光照不足需补光。冬季北领地茅膏菜适合置于玻璃缸等密闭容器，用植物生长灯照射种植，利用灯补光及灯的热量加温。

布鲁姆茅膏菜

Drosera broomensis

生存温度（℃）： 15 ～ 45

适宜温度（℃）： 25 ～ 35

变叶茅膏菜

Drosera caduca

一种很特别的澳大利亚北领地茅膏菜，叶片具有两种类型，一种是带有腺毛能够正常捕虫的叶片，另一种是没有腺毛不能捕虫的长叶片。

生存温度（℃）： 15 ～ 45

适宜温度（℃）： 25 ～ 35

新叶变小，开始进入休眠状态

达尔文茅膏菜
Drosera darwinensis

生存温度（℃）： 15 ～ 45
适宜温度（℃）： 25 ～ 35

珊瑚茅膏菜
Drosera derbyensis

生存温度（℃）： 15 ～ 45
适宜温度（℃）： 25 ～ 35

绿孔雀茅膏菜
Drosera dilatatopetiolaris

生存温度（℃）：15～45
适宜温度（℃）：25～35

大肉饼茅膏菜
Drosera falconeri

北领地茅膏菜中很特别的一种，叶片宽大，呈半圆形，平贴地面，捕到猎物后有时叶片会两侧对折卷起，就像捕蝇草一样。不知道捕蝇草是不是这样从茅膏菜演化而来的，期待以后的研究吧！

生存温度（℃）： 15 ～ 45
适宜温度（℃）： 25 ～ 35

黄孔雀茅膏菜
Drosera fulva

生存温度（℃）： 15 ～ 45
适宜温度（℃）： 25 ～ 35

银匙茅膏菜
Drosera ordensis

生存温度（℃）：15～45
适宜温度（℃）：25～35

小肉饼茅膏菜

Drosera kenneallyi

生存温度（℃）： 15～45

适宜温度（℃）： 25～35

孔雀茅膏菜

Drosera paradoxa

北领地茅膏菜家族中最好种、普及度也最高的一种，新手往往拿它来练手！

生存温度（℃）： 5～45

适宜温度（℃）： 25～35

温带种群

产自温带、部分亚热带地区的茅膏菜，夏季怕热，多数会休眠（冬季或夏季休眠，其他为生长季），种子一般需春化（需要低温刺激才能发芽）。

也有人将亚热带茅膏菜单独归为一类，甚至认为是最好养的一类茅膏菜，但中国大部分地区与欧美的气候有很大差异，夏季太热，多数温带种夏季状态不佳甚至无法存活。因此，直接按气候带来分类对于国内的爱好者毫无意义，无法获得种植上的帮助，我们把亚热带地区的茅膏菜根据它们的生长要求并入热带种群和温带种群，种植管理才更加方便。

奇异茅膏菜
Drosera admirabilis

小型莲座状茅膏菜，直径 4 ～ 7 厘米。它与爱丽丝茅膏菜比较相似，区别在于它的叶片始终是绿色，只有腺毛会变红，且叶片呈楔形（爱丽丝茅膏菜在强光或低温下叶片稍红，叶片顶部比奇异茅膏菜稍圆）。夏季高温状态会比较差，建议放在明亮、凉爽的地方，能降温更好。

生存温度（℃）： 0 ～ 33
适宜温度（℃）： 10 ～ 25
原产地： 南非

爱丽丝茅膏菜
Drosera aliciae

小型莲座状茅膏菜，叶片非常紧凑，正如它的名字一样形态非常美丽，直径 4 ～ 7 厘米。夏季高温状态会比较差，建议放在明亮、凉爽的地方，能降温更好。

生存温度（℃）： 0 ～ 33
适宜温度（℃）： 10 ～ 25
原产地： 南非

亚瑟茅膏菜
Drosera arcturi

稀有的温带茅膏菜，生长于高地泥炭沼泽，高 10 厘米，叶片生长方式奇特，类似禾本科植物。喜冷凉潮湿的环境，需要降温设备才能存活，0℃以下会休眠，极难种植。

生存温度（℃）： -5 ～ 30
适宜温度（℃）： 10 ～ 25
原产地： 澳大利亚、新西兰

叉叶茅膏菜
Drosera binata

大型容易种植的温带茅膏菜，有多个变种，叶柄极长，高度最大可超过 1 米，叶片分叉，2 叉、4 叉、8 叉、16 叉比较多见，成株外形十分壮观！在澳大利亚东海岸的新南威尔士州野外考察时被发现，其叶柄长达 1 米，从灌木丛顶部伸出直径 30 多厘米的叶片，叶片分叉达到了 77 个，非常惊人（在人工环境下，由于条件有限，往往达不到这样的体型）。叉叶茅膏菜在国内的适应性良好，夏天基本不怕热，冬季 0°C以上可保持生长，0°C以下叶片会枯萎，以休眠芽的形式过冬。当长到较大体型时需要良好的光照，否则容易倒伏，也可采用吊挂的形式来种植。

生存温度（℃）： -5 ～ 37
适宜温度（℃）： 10 ～ 28
原产地： 澳大利亚、新西兰

叉叶茅膏菜（二叉）
Drosera binata 'T Form'

一般始终呈现 2 个分叉，呈 V 形，成株高约 20 厘米。

叉叶茅膏菜（多叉）的小苗　　叉叶茅膏菜（多叉）的花

叉叶茅膏菜（巨型四叉）

Drosera binata var. *dichotoma* 'Giant Type'

小苗 2 个分叉，呈大 U 形，成株一般 4 个分叉或者更多，成株高度可达 60 厘米。

叉叶茅膏菜（多叉）

Drosera binata var. *multifida*

小苗时 2 个分叉，呈 U 形，随着植株长大分叉会逐渐变多，呈现 4 叉、8 叉、16 叉甚至更多，成株高度可达 60 厘米。

1 好望角茅膏菜的 4 个不同个体
2 ~ 4 好望角茅膏菜（宽叶）

1
2 3 4

好望角茅膏菜
Drosera capensis

非常受欢迎的南非中型茅膏菜，高 15 ～ 20 厘米，有多个个体。捕食较大的昆虫时，叶片会缓慢地将猎物整个卷起来，使其无法逃脱。在澳大利亚、美国、新西兰被列为入侵物种，但在中国它算是比较娇贵的物种！夏季高温超过 33°C时叶片黄化，发出进入休眠状态的信号；高温持续或更高时，叶片会全部枯萎进入休眠状态；秋季天气转凉时，植株根部或茎部会重新长出新芽（夏季控温在 33°C以下一般不休眠）。冬季 0°C以上可保持生长，持续接近 0°C低温时叶片会枯萎，以休眠芽的形式过冬。

生存温度（℃）： -2 ～ 37
适宜温度（℃）： 10 ～ 28
原产地： 南非

好望角茅膏菜（白）
好望角茅膏菜（白）
好望角茅膏菜
好望角茅膏菜
好望角茅膏菜（红）
好望角茅膏菜（红）

绒毛茅膏菜（白）*D. capillaris* var. *alba*

绒毛茅膏菜
Drosera capillaris

广泛分布于美洲地区的小型莲座状茅膏菜，直径5～10厘米，非常容易种植，只是夏季高温环境下状态稍差。有人容易把它与勺叶茅膏菜混淆，只要对比一下叶柄就会发现，它的叶柄比较细长且宽度均匀，勺叶茅膏菜的叶柄是由窄到宽的。

生存温度（℃）： -2～38
适宜温度（℃）： 10～30
原产地： 美洲地区

岩蔷薇茅膏菜
Drosera cistiflora

因其花与岩蔷薇相似而得名，拥有茅膏菜属最大的花朵，有白、黄、紫、粉红、暗红等多种颜色。岩蔷薇茅膏菜与好望角茅膏菜同属于一个产区，习性相似。秋冬季节开始生长，其初生时呈紧凑莲座状，后期直立生长，节间距增大，春末夏初开花，植株最高可达40厘米，夏季进入休眠期，休眠时植株地上部分枯萎，以膨大的根储存营养度夏。

生存温度（℃）： -2～37
适宜温度（℃）： 10～25
原产地： 南非

丝叶茅膏菜 *D. filiformis* 典型个体，红色腺毛，最高 25 厘米

丝叶茅膏菜

Drosera filiformis

大型直立茅膏菜，芽像蕨类植物一样呈螺旋状展开至细长的线形叶，分多个个体，高度可达 25 ～ 50 厘米。春季生长，夏季不怕热，冬季 10℃以下叶片开始枯萎，以休眠芽的形式过冬。种植需要良好的光照，否则容易倒伏。

生存温度（℃）： -7 ～ 37
适宜温度（℃）： 20 ～ 30
原产地： 美国

丝叶茅膏菜（红)*D. filiformis* var. *floridana*
红色腺毛，强光下叶片也会变成红色，最高 25 厘米。

丝叶茅膏菜（绿）*D. filiformis* var. *tracyi*
绿叶，绿色腺毛，最高 50 厘米。

冬季休眠芽

春季开始生长

汉米尔顿茅膏菜
Drosera hamiltonii

产自澳大利亚西南部的小型莲座状茅膏菜，直径4～7厘米，花朵巨大，部分与土瓶草伴生，喜欢潮湿、凉爽的环境，但仍有很强的耐热能力，且对光照要求不是很高。

生存温度（℃）： 0～37
适宜温度（℃）： 15～30
原产地： 澳大利亚

喜悦茅膏菜
Drosera hilaris

产自南非西开普省坡地的莲座状直立茅膏菜，直径5～15厘米，高可达40厘米，形态类似格拉莫哥茅膏菜，颜色呈亮黄色。生长环境与雷曼茅膏菜相似，生长于低矮山坡砂岩中，与小灌木伴生，为吸取水分，其主根往往很长。喜欢明亮、潮湿、凉爽的环境，较难种植。

生存温度（℃）： 0～32
适宜温度（℃）： 10～25
原产地： 南非

长柄茅膏菜（温带）

Drosera intermedia 'Temperate'

生存温度（℃）： -25 ～ 37（温带）
适宜温度（℃）： 15 ～ 30（温带）
原产地： 美洲、欧洲地区

巢型茅膏菜

Drosera nidiformis

南非小型茅膏菜，叶基生直立或斜展，长 5 ～ 8 厘米。容易种植，稍怕热，夏季状态稍差，冬季生长良好。

生存温度（℃）： 0 ～ 38
适宜温度（℃）： 10 ～ 30
原产地： 南非

雷曼茅膏菜

Drosera ramentacea

产自南非开普敦地区的罕见大型直立茅膏菜，在周围有植物依靠的情况下植株高度可达 1 米，叶展直径 5 ～ 15 厘米。叶柄形态和好望角茅膏菜相似，区别是其叶柄多白毛，叶片宽而短。一般茅膏菜多生长于沼泽地区，但它不同，生长于干旱的山地砂岩中，与小灌木伴生，为吸取水分，其主根可深达地下 50 厘米。夏天旱季叶片枯萎，以休眠芽的形式度夏，冬天雨季开始生长。

生存温度（℃）： 0 ～ 32
适宜温度（℃）： 10 ～ 25
原产地： 南非

帝王茅膏菜

Drosera regia

产自南非开普敦地区的稀有大型温带茅膏菜，叶片最长可达 70 厘米，是叶片最长的茅膏菜，根茎木质化，生长在冷凉潮湿的山丘坡地上，冬季低温叶片枯萎，以休眠芽的形式过冬。在南非开普敦贝恩峡谷海拔 500 ～ 900 米的山坡上，人们发现了 2 个栖息地，环境和眼镜蛇瓶子草的原产地非常相似，坡地上会渗出冰凉的地下水，这可以使其根部全年处于冷凉的环境中。

生存温度（℃）： 0 ～ 33
适宜温度（℃）： 10 ～ 28
原产地： 南非

斯氏茅膏菜
Drosera slackii

产自南非开普敦地区的小型莲座状茅膏菜，楔形叶，直径 4 ～ 8 厘米。夏季有点怕热，建议放在明亮、凉爽的地方。

生存温度（℃）： 0 ～ 33
适宜温度（℃）： 10 ～ 25
原产地： 南非

三脉茅膏菜
Drosera trinervia

南非特有的小型莲座状茅膏菜，楔形叶，直径4～5厘米。其广泛分布于南非开普敦省，纳塔尔省和莱索托也有发现，生长海拔 15 ～ 2 200 米。习性与岩蔷薇茅膏菜相似，秋冬季节开始生长，夏季进入休眠期，休眠时植株地上部分枯萎，以膨大的根储存营养度夏。

生存温度（℃）： 0 ～ 33
适宜温度（℃）： 10 ～ 25
原产地： 南非

贝莉茅膏菜

Drosera×belezeana / D.×(intermedia×rotundifolia)/ D. ×eloisiana

贝莉茅膏菜原学名 *Drosera×belezeana* 的标本实际上是圆叶茅膏菜 (*Drosera rotundifolia*)，并非杂交种 *Drosera×(intermedia× rotundifolia)*，因此命名了新学名 *Drosera×eloisiana*。其实我们更希望是改正标本，以免造成混乱。

中型莲座状茅膏菜，非常强健的自然杂交种，最大直径可达 12 厘米，分布于美洲和欧洲地区的沼泽湿地中。冬季 10°C以下叶片开始枯萎，以休眠芽的形式过冬，春季恢复生长且容易长侧芽，有很强的适应能力，是非常容易种植的茅膏菜，虽然在夏季高温时状态不佳，但不会影响存活。

生存温度（℃）： -25 ～ 37
适宜温度（℃）： 20 ～ 32
原产地： 美洲、欧洲地区

1 贝莉茅膏菜
2 非常容易种植，成片的贝莉茅膏菜
3 冬季休眠芽
4 初春开始生长
5 ~ 6 休眠之后，往往会长多个侧芽

1	2
	3 4
	5 6

哈勃瑞迪茅膏菜

Drosera×hybrida / D. ×(filiformis×intermedia)

丝叶茅膏菜与长柄茅膏菜的自然杂交种，叶基生成线状直立或斜展，叶长 10 ～ 20 厘米。春季生长，夏季并不怕热，冬季 10°C以下叶片开始枯萎，以休眠芽的形式过冬，非常容易种植。

生存温度（℃）： -10 ～ 37
适宜温度（℃）： 20 ～ 32
原产地： 美国

迷你茅集合

矮小种群（迷你茅膏菜）

主产澳大利亚，体型娇小可爱，只有约 1 元硬币大的一类茅膏菜；冬季在低温刺激下会在叶的中心长出许多胞芽，自然脱落后会形成许多新植株。它们多数容易种植，耐干旱，保持潮湿可全年生长良好，少数旱地种稍怕热。

迷你茅膏菜主要分布于澳大利亚西南角，栖息在长有低矮灌木的黏土沙石地荒漠、稀树硬叶林空地、石英砂地等，其中小茅膏菜分布较广，甚至在新西兰也有发现，共约 53 种。其叶片基生成紧密莲座状生长，或叶片莲座状，有短茎，直立生长，直径 1 ～ 5 厘米，多数 2 厘米左右。它们多数会开出相对巨大的花朵，比植物本身都大，颜色丰富，有白色、黄色、粉色、橙色、红色等。根据不同栖息地和形态，可分为湿地种和旱地种，旱地种占多数。叶片基生成紧密莲座状，冬芽呈扁平状，一般生长在海岸平原及湖泊周边湿地，夏季不会休眠的迷你茅膏菜为湿地种。叶片莲座状，多数有短茎，直立生长，冬芽多为圆球状，从海岸平原至内陆干燥地区都有分布，夏季炎热干旱时叶片会枯萎，叶心形成多数白毛（托叶）包裹的休眠芽，凉爽湿润的秋冬季来临时恢复生长，有旱季休眠习性的迷你茅膏菜为旱地种（人工种植时，夏季保持盆土潮湿，一般不休眠或半休眠状态）。迷你茅膏菜都有长长的细丝状根深入地下，甚至超过 30 厘米，以获取更多水分，它们（包括湿地种）非常耐旱，甚至在接近干透的基质中仍表现出良好的状态。

冬季当日照时间逐渐缩短，气温低于 10°C时，在莲座状叶的中心长出许多胞芽，俗称冬芽，呈球状或鳞片状，多达几十至上百个。随着胞芽不断生长并变得密集，以至于托叶被推离莲座丛中心，只要有微小的力量来触发，胞芽就会被弹射出去，比如雨滴撞击能使部分胞芽被弹射出数米远，在湿润的环境下 1 周至 1 个月就可以生根发芽，在下个夏天旱季到来之前迅速长成新植株，形成更大的迷你茅膏菜群落，这是它们在恶劣的自然环境下形成的特有繁殖方式。

生存温度（℃）： 0 ～ 37
适宜温度（℃）： 4 ～ 30

无节茅膏菜

南极光茅膏菜 湿

Drosera australis

原亚种 - 纤细茅膏菜 (橙色花)*Drosera occidentalis* ssp.*australis* ‘Warriup’ 升级为独立物种。

晓美茅膏菜 湿

Drosera allantostigma

胡须迷你茅 旱

Drosera barbigera

卡洛斯茅膏菜 旱

Drosera callistos

长柱迷你茅膏菜 旱
Drosera closterostigma

迷你茅膏菜的花多数都很大，甚至超过植物本身

刺托迷你茅 旱
Drosera echinoblastus

埃尼亚巴茅膏菜 旱
Drosera eneabba

无节茅膏菜 旱

Drosera enodes

吉布森茅膏菜 旱

Drosera gibsonii

格里夫茅膏菜 旱

Drosera grievei

毛毛茅膏菜 旱

Drosera lasiantha

光芽茅膏菜 旱

Drosera leioblastus

白托茅膏菜 旱

Drosera leucoblasta

曼尼茅膏菜 湿
Drosera mannii

纤细茅膏菜 湿
Drosera microscapa

迷你茅膏菜 旱
Drosera miniata

山下茅膏菜 旱
Drosera oreopodion

金碟茅膏菜 湿
Drosera patens

平柱茅膏菜 旱

Drosera platystigma

美丽茅膏菜 湿

Drosera pulchella

叶柄最宽的一种迷你茅膏菜，有白色、粉色、橙色等多个花色的个体。

小茅膏菜 湿

Drosera pygmaea

广泛分布在澳大利亚东部、南部，在新西兰也有发现，这是唯一在澳大利亚之外地区发现的迷你茅膏菜。它栖息在湖泊和沼泽的边缘，有时雨季一次被淹没数周，在高山地区可能被积雪覆盖数月，在悉尼附近荒野的红土上它每年在烈日照射下呈烤干状数周……难以想象这“小精灵”有如此强悍的生命力！

玫瑰茅膏菜 旱

Drosera roseana

蝎子茅膏菜 旱

Drosera scorpioides

因其叶片酷似蝎子弯曲的尾部而得名，在玩家中有很高知名度！叶展直径能达到 5 厘米，已经是个头最大的一种迷你茅膏菜了，夏季稍怕热，状态稍差，保持潮湿一般全年生长，冬芽个头大，最快播下 1 周就可生根发芽。

小莎茅膏菜 旱

Drosera sargentii

斑花茅膏菜 旱

Drosera spilos

花白色至粉色，并有红色至暗红色的斑点。

星花茅膏菜 旱

Drosera stelliflora

花类似五角星。

瓦鲁卡塔茅膏菜 旱

Drosera verrucata

2021 年之前国内外流通的双色萼茅膏菜几乎都是瓦鲁卡塔茅膏菜，真正的双色萼茅膏菜最近才重新被发现。

瓦永嘉茅膏菜 旱

Drosera walyunga

月亮湖茅膏菜 湿

Drosera×*badgerupii* / *D.*×'Lake Badgerup' / *D.* ×(*patens*×*occidentalis*)

自然杂交种，最受欢迎的迷你茅膏菜之一，太可爱了！

詹姆斯茅膏菜 湿

Drosera×*sidjamesii* / *D.* ×(*patens*×*pulchella*)

体型最大的湿地种迷你茅膏菜，自然杂交种，最大直径 4 厘米，非常容易种植。

金丝绒茅膏菜 湿

Drosera×(*nitidula*×*pulchella*)

球根种群

主产澳大利亚，根茎呈球状，多数冬季凉爽湿润条件下生长，夏季炎热干旱条件下地上部分枯萎，以地下球茎的形式休眠度夏。球根茅膏菜生长季节短，种植难度高，是一类稀有的茅膏菜。

球根茅膏菜主要分布于澳大利亚西部地区，与迷你茅膏菜栖息地有重叠，栖息在长有低矮灌木的黏土沙石地荒漠、稀树硬叶林空地、石英砂地等，冬天温和多雨，而夏天炎热干旱。个别物种分布广泛，在澳大利亚、新西兰及亚洲多地都有分布，共约 70 多种。形态多样，基生莲座状贴地生长或直立、攀爬、匍匐生长，从直径 10 厘米左右到甚至细茎高达 3 米攀附于其他植物之上。地下球茎多数如豌豆大，也有花生米或米粒大，呈白色、粉色或红色，原生环境可深入地下 10 厘米或者更深，甚至到达 1 米以下，以躲避夏季高温和干旱，人工种植往往浅埋以让它更快长叶，在短暂的生长季积累更多营养。

澳大利亚西部球根茅膏菜在初秋发芽，随着第一场雨开始茁壮成长。春末生长积累了足够的营养后，随着炎热干旱的夏季到来，地上部分枯萎，它们把营养储存在地下的球根度夏。在澳大利亚北部发现的物种，它们的生长时间是雨季，可能是夏天或一年中的任何特定时间。

种植球根茅膏菜需要冷凉的环境，充足的光照，能耐轻霜，超过 25°C会休眠，没有足够营养生长球茎就难以成活。

球根茅膏菜建议使用 15 厘米或者更高的深盆种植，可使用颗粒土（赤玉土、植金石、鹿沼土、硅藻土等）混少量泥炭作为基质，在种植时只需埋上 1 厘米的土即可，冬季可接受全日照。春季当气温逐渐升高，球根茅膏菜开始休眠时，就算地面上的叶片全部枯萎，也需要继续供水 1 个月以上，让球根回收养分。休眠期间，旱地种球根茅膏菜需要完全断水，而湿地种球根茅膏菜需保持基质微潮，不要干透。

生存温度（℃）： 0 ～ 35
适宜温度（℃）： 4 ～ 25

科里纳茅膏菜 旱

Drosera collina

巨大茅膏菜 湿

Drosera gigantea

虎克茅膏菜 湿

Drosera hookeri

大叶茅膏菜 旱
Drosera macrophylla

硕大茅膏菜 旱
Drosera magna

马约尔茅膏菜 旱
Drosera major

曼西茅膏菜 湿
Drosera menziesii

相对容易种植的一种。

莲座球根茅膏菜 旱
Drosera rosulata

岩生茅膏菜 湿
Drosera rupicola

扇形叶匍匐生长，相对容易种植的一种，新手可以尝试。也是我们种植最久的一种，已经栽种它超过 10 年，而多数球根茅膏菜第二年就不见了，或在第三、第四年球茎终于消耗殆尽……球根茅膏菜的生长季节太短，中国大部分地区的冬季、春季多阴雨，球根茅膏菜生长季得不到充足光照，营养积累不足，往往导致球茎不能长到足够大或长出更多球茎，甚至在老球茎消耗之前无法长出新球茎就衰竭死亡了。

鳞状茅膏菜 旱
Drosera squamosa

环状茅膏菜 旱
Drosera zonaria

匍匐茅膏菜 湿
Drosera stolonifera

相对容易种植的一种。

四、瓶子草

瓶子草就像是食虫植物的“形象大使”！多数身材挺拔，色彩亮丽，每次大型园艺展览中，只要有食虫植物，主角往往就是它。

瓶子草体型较大，观赏性强，生性强健，是最适合中国大部分地区户外种植的食虫植物。虽然原生种不多，但杂交种成千上万，让瓶子草具有更丰富的观赏性和极大的发展空间。

瓶子草原生种

很多玩家都知道瓶子草的八大原种（2011），现今增加至 11 种及 4 个亚种，其实并没有什么重大发现，只是将原先的 3 个亚种升级为新物种，分类做了调整，且目前仍有较大争议。

瓶子草的 11 个原种

中文名	拉丁名	备　注
阿拉巴马瓶子草	*Sarracenia alabamensis*	原红瓶子草亚种升级
翼状瓶子草	*Sarracenia alata*	
黄瓶子草	*Sarracenia flava*	
琼斯瓶子草	*Sarracenia jonesii*	原红瓶子草亚种升级
白瓶子草	*Sarracenia leucophylla*	
小瓶子草	*Sarracenia minor*	
山地瓶子草	*Sarracenia oreophila*	
鹦鹉瓶子草	*Sarracenia psittacina*	
紫色瓶子草	*Sarracenia purpurea*	
蔷薇瓶子草	*Sarracenia rosea*	原紫色瓶子草亚种升级
红瓶子草	*Sarracenia rubra*	

翼状瓶子草
Sarracenia alata

叶长（厘米）: 50 ～ 70

翼状瓶子草（红喉）
Sarracenia alata var. rubrioperculata

叶长（厘米）: 50 ～ 70

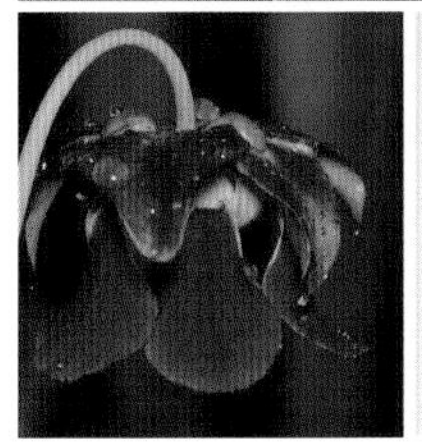

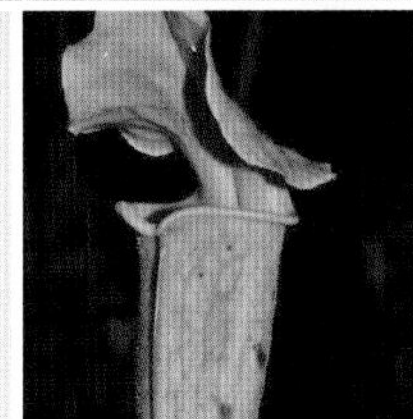

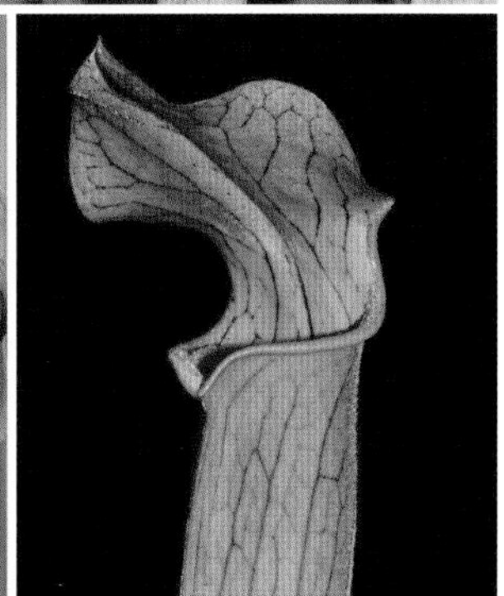

阿拉巴马瓶子草
Sarracenia alabamensis

原红瓶子草亚种，现升级为独立种，只分布在美国阿拉巴马州中部，全株呈黄绿色，略带红色网纹，瓶身表面密被细短茸毛。

叶长（厘米）：50～70

惠里瓶子草
Sarracenia alabamensis ssp. *wherryi*

原红瓶子草亚种，现列为阿拉巴马瓶子草亚种。形态上与红瓶子草相似，叶片黄绿色带暗褐色网纹，强光下叶片中上部一般呈浅褐色。其瓶身表面密被细短茸毛，这又与阿拉巴马瓶子草相似。

叶长（厘米）：20～45

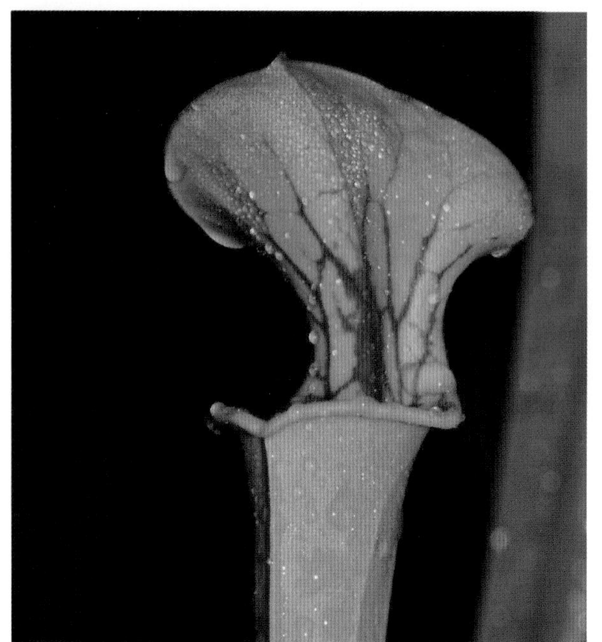

黄瓶子草
Sarracenia flava

黄瓶子草种内植物分泌的蜜汁是所有瓶子草中最香甜的，散发着类似水果、蜂蜜的清香！它们也是瓶子草中最高大的植物，其亚种黄瓶子草（帝王）最高可达 1.2 米。

叶长（厘米）：70 ～ 90

黄瓶子草（全红）
Sarracenia flava var. *atropurpurea*

强光下最佳状态是整株呈暗红色，光照不足时和黄瓶子草（红管）没太大差别，瓶子由深红色至黄绿色，带红色斑纹过渡。

叶长（厘米）：70 ～ 90

黄瓶子草（铜帽）

Sarracenia flava var. *cuprea*

盖子顶部呈铜色或棕红色、橄榄色。有多个个体，叶片上有或无红色、暗红色纹理。

叶长（厘米）： 70 ～ 90

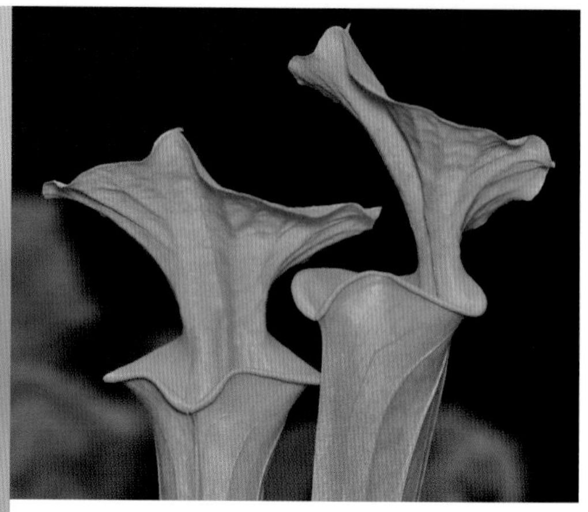

黄瓶子草（巨大）
Sarracenia flava var. *maxima*

一个巨大的纯绿色变种。

叶长（厘米）：80 ～ 100

黄瓶子草（华丽）
Sarracenia flava var. *ornata*

黄绿色叶片上有着发达的红色或暗红色纹理，有很多不同个体。

叶长（厘米）：70 ～ 90

黄瓶子草（红管）

Sarracenia flava var. rubricorpora

强光下瓶子的外部呈深红色，盖子、瓶内呈黄色，带红色斑纹。光照不足时瓶子外部由深红色至黄绿色，带红色斑纹过渡。

叶长（厘米）: 70 ～ 90

黄瓶子草（帝王）

Sarracenia flava var. rugelii

颈部较宽，喉部红色，无其他红色斑纹。它是瓶子草中最高大的植物，最高可达 1.2 米。

叶长（厘米）: 80 ～ 120

琼斯瓶子草
Sarracenia jonesii

原本是红瓶子草的一个亚种，是红瓶子草的一个巨大版本，体型更大一些，外观差别不大。琼斯瓶子草成株辨别特征：瓶子的三分之一处轻微扩张，在接近瓶口处收缩，但这也不是绝对的。对于分类，植物学家有很大分歧，虽然我们也觉得作为一个红瓶子草亚种很合适，但目前支持独立为一个种的专家们占了上风，这也说明有些物种的分类非常艰难，分类的不断调整是常有的事情。

叶长（厘米）： 40 ～ 70

白瓶子草
Sarracenia leucophylla

瓶盖边缘呈波浪状，一般瓶子上半部为白色底，带绿色或红色网纹，有多个个体。非常有代表性的一种瓶子草，高贵典雅，种植瓶子草必入的一种。

叶长（厘米）： 60 ～ 100

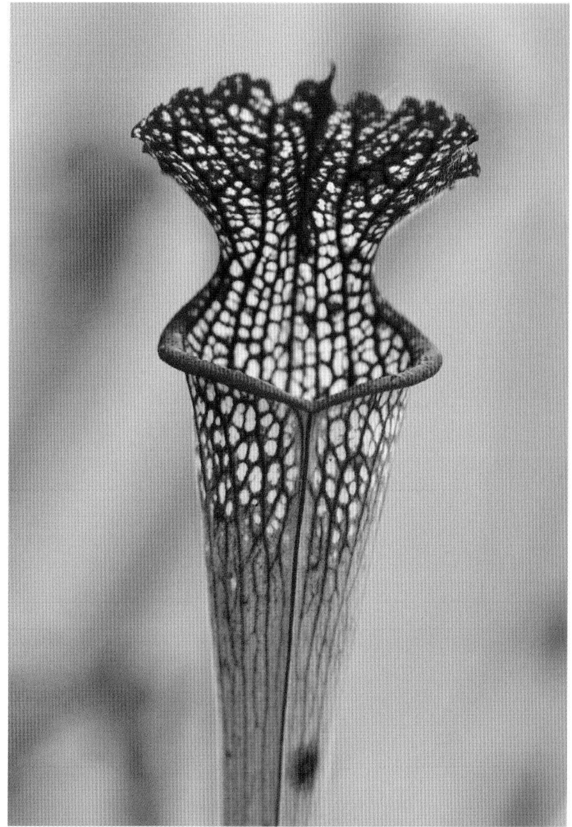

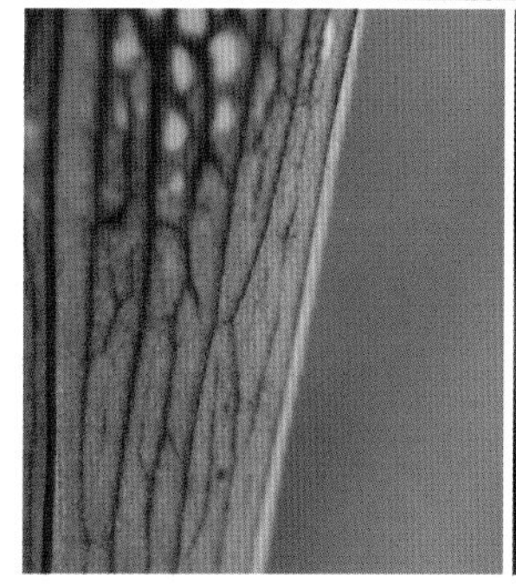

白瓶子草（白色）

Sarracenia leucophylla var. *alba*

比典型白瓶更白的变种。

叶长（厘米）：60～80

白瓶子草（茸毛粉）

Sarracenia leucophylla var. *pubescens* 'Pink'

瓶身密被细短白色茸毛的变种，强光下顶部容易变红的个体。

叶长（厘米）：60～100

白瓶子草（绿）

Sarracenia leucophylla f. *viridescens*

绿色个体，强光下也不会出现红色。

叶长（厘米）: 70 ～ 100

白瓶子草（鹿园）

Sarracenia leucophylla 'Deer Park'

叶长（厘米）: 70 ～ 100

白瓶子草（红顶）

Sarracenia leucophylla 'Red Top'

叶长（厘米）：70 ～ 100

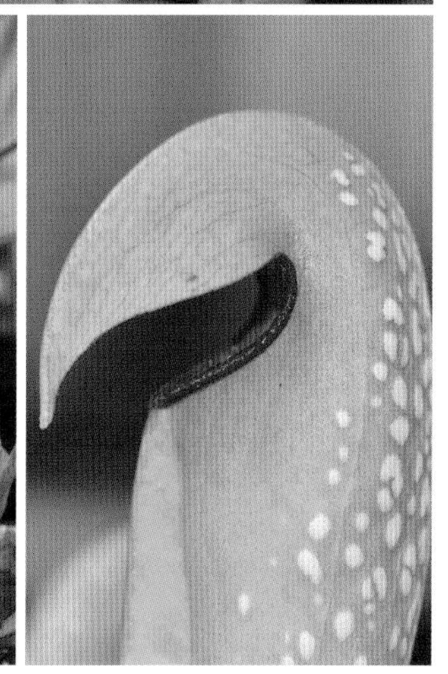

小瓶子草

Sarracenia minor

非常特别的瓶子草，瓶盖下压，开口较小，瓶子背侧有白色的斑点，昆虫会误以为出口，飞行时容易碰壁后跌落瓶内。一般叶长不超过 50 厘米，巨大变种可达 1 米。

叶长（厘米）：30 ～ 100

山地瓶子草
Sarracenia oreophila

形态上和黄瓶子草有些相似，但只在春季生长瓶状叶，进入夏季高温便开始长剑叶，瓶状叶开始枯萎，生长非常缓慢。它是瓶子草中最为濒危的物种，长在内陆山地或湿地沼泽中，耐冻，稍怕热，能耐 -18°C低温。

叶长（厘米）: 40 ～ 60

鹦鹉瓶子草
Sarracenia psittacina

瓶状叶贴地或斜展生长，叶片的顶部酷似鹦鹉的头部，因此而得名。它是瓶子草科里的特例，形态和捕虫方式都与其他瓶子草不同，叶片更像一个虾笼，瓶口呈漏斗状，瓶子内壁上长有许多朝向根茎部的刺毛，瓶子上有白色斑点，以迷惑猎物，使它误以为是出口。一些爬虫一旦进入，就会被瓶内独特的构造困住，进入一个越来越窄、密布倒刺的管子，无法逃脱。在原生地，雨季的时候植物往往会被浸泡在水中，此时水中的小型节肢动物、鱼类或蝌蚪也会进入瓶子内，成为鹦鹉瓶子草的“大餐”。

叶长（厘米）: 15 ～ 30

鹦鹉瓶子草（绿）
Sarracenia psittacina f. *heterophylla*

绿色个体。

叶长（厘米）：15～30

鹦鹉瓶子草（圆头）
Sarracenia psittacina 'Ball Top'

一个“圆脑袋”个体，叶片顶部特别圆，长得比典型鹦鹉瓶子草稍大。

叶长（厘米）：15～30

紫色瓶子草
Sarracenia purpurea

分布范围最广的一种瓶子草，产自加拿大南部及美国东部地区，也是唯一在加拿大有分布的瓶子草。紫色瓶子草非常独特，和其他瓶子草有显著的差别，瓶状叶基生莲座状斜展生长，瓶盖向上开口，可以收集雨水（其他瓶子草的瓶盖都有挡雨的作用，它截然不同），更多液体可以帮助淹死猎物，栖息于瓶内的共生生物也可以帮助其更快分解猎物，从中获得养分。市场上常见的紫色瓶子草多数是紫色瓶子草（南方亚种）。

紫色瓶子草（北方亚种）
Sarracenia purpurea ssp. *purpurea*

紫色瓶子草（北方亚种）分布于加拿大南部及美国东北部地区，相比南方亚种瓶身外表面光滑，体型细长娇小，叶片更厚实，可耐 -25°C低温。

叶长（厘米）：10 ～ 30

冬季雪地中的瓶子草

紫色瓶子草（南方亚种）

Sarracenia purpurea ssp. venosa

分布在美国东部大西洋沿岸地区，瓶身表面密被细短茸毛，身材更为圆胖，也更大，瓶盖呈波浪状。

叶长（厘米）: 10 ～ 30

紫色瓶子草（绿色）
Sarracenia purpurea f. *heterophylla*

一个绿色个体。

叶长（厘米）: 10～30

蔷薇瓶子草
Sarracenia rosea

原紫色瓶子草（南方亚种）的伯克变种（*Sarracenia purpurea* ssp. *venosa* var. *burkii*），产自美国南部墨西哥湾沿岸，虽然它已经被正式命名为独立的一个物种，但仍在争议中，它和紫色瓶子草（南方亚种）非常相似，叶片没有明显差别，只有花瓣略有不同，蔷薇瓶子草花瓣更大，呈粉红色，南方亚种的花瓣呈砖红色至紫红色。

叶长（厘米）: 10～30

紫色瓶子草的其他个体

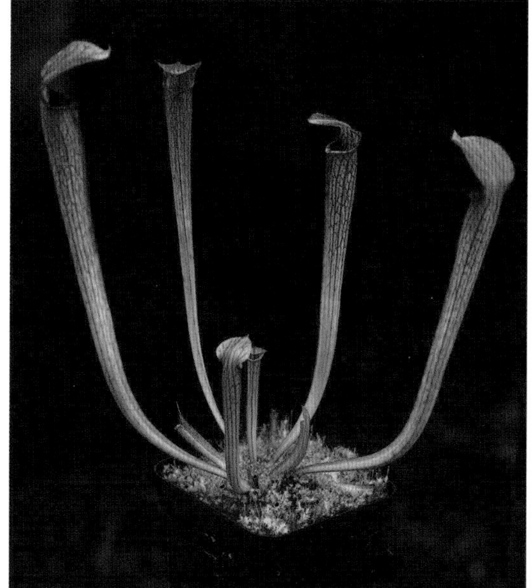

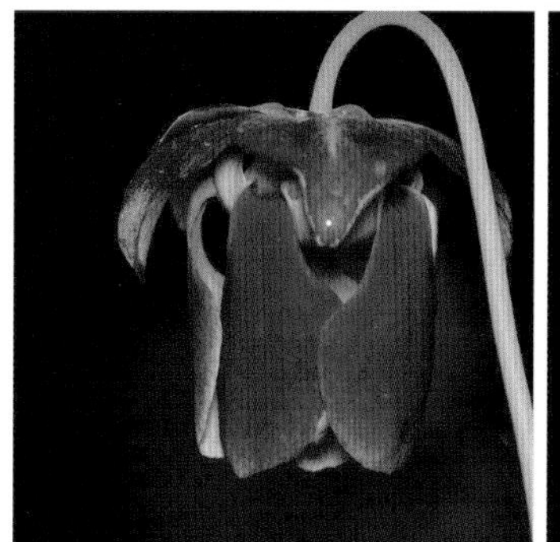

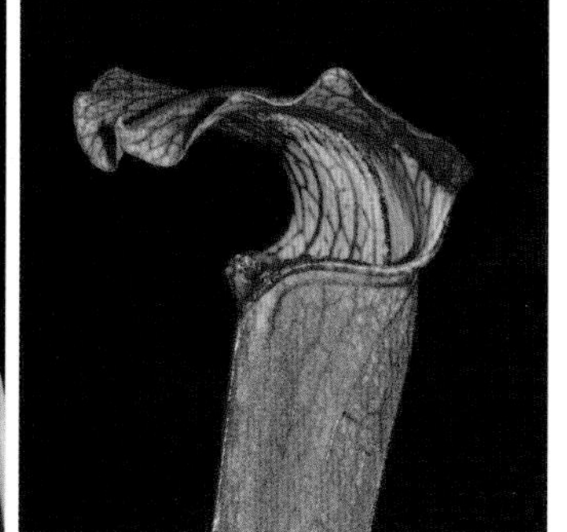

红瓶子草
Sarracenia rubra

分类争议较大，曾被分出 5 个亚种，但其中部分亚种后来又被描述为独立物种。红瓶子草属于小型瓶子草，成株高度一般在 20 多厘米，叶片黄绿色带暗褐色网纹，光照充足时叶片中上部一般呈红褐色。红瓶子草矮生、强健、易分株，容易爆盆，株型丰满，抗病性强，即使到了冬季，大部分瓶子草叶片全枯萎，它还能保持不错的株型，全年植株状态都非常好。

叶长（厘米）：26 ～ 45

红瓶子草（海湾）
Sarracenia rubra ssp. *gulfensis*

是指栖息于美国南部墨西哥湾沿岸的种群，瓶子细长高大。

叶长（厘米）：40 ～ 80

瓶子草杂交种

铠甲瓶子草

Sarracenia × 'Armour'

叶长（厘米）：20～40

海角瓶子草
Sarracenia × 'Cape'

叶长（厘米）: 40 ～ 80

查尔逊瓶子草

Sarracenia×chelsonii / S. ×(*rubra*×*purpurea*)

非常强健的矮生杂交瓶子草，盆栽成株高度一般在20多厘米，只要光线充足，整株就能呈红色，形似火焰。其生长旺盛，株型丰满，易分株，抗病性强，即使到了冬季，大部分瓶子草叶片枯萎，它还能保持不错的株型，全年植株状态都非常好，是新手入门品种。

叶长（厘米）: 20～45

福尔摩沙瓶子草

Sarracenia formosa / S. ×(*minor*×*psittacina*)

叶长（厘米）: 20～30

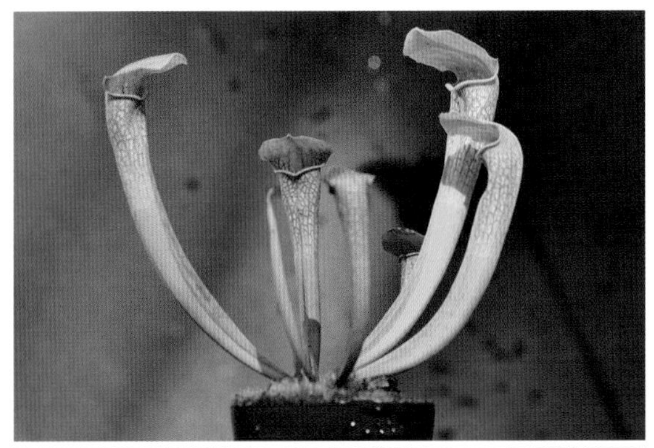

锤子头瓶子草

Sarracenia× 'Hummer' s Hammerhead' / *S.* ×[(*psittacina*×*alabamensis*)×*alabamensis*]

叶长（厘米）: 20～40

朱迪思瓶子草

Sarracenia× 'Judith Hindle' / *S.*× [(*leucophylla*× *flava* var. *rugelii*)×*purpurea*]

叶长（厘米）: 40～60

马修索佩瓶子草

Sarracenia× 'Juthatip Soper' / *S.* ×(*leucophylla* ×*purpurea*) ×*leucophylla* 'Pink'

叶长（厘米）：70～100

美杜莎瓶子草

Sarracenia× 'Medusa'

叶长（厘米）：15～30

小姨瓶子草

Sarracenia×(*minor*×*alata*)

叶长（厘米）：30～60

米奇瓶子草

Sarracenia× 'Mickey'

叶长（厘米）：30～50

瑞迪瓶子草

Sarracenia×*readei* / *S.* ×
(*leucophylla*× *alabamensis* ssp.*wherryi*)

叶长（厘米）: 40 ～ 70

红颈瓶子草

Sarracenia× 'Redneck '

叶长（厘米）: 50 ～ 70

猩红瓶子草

Sarracenia× 'Scarlet Belle' / *S.*×(*leucophylla*×*psittacina*)

叶长（厘米）: 25～40

天鹅瓶子草

Sarracenia×*swaniana* / *S.* ×(*purpurea*×*minor*)

叶长（厘米）: 20～30

斯蒂文斯瓶子草

Sarracenia×*stevensii*/ *S.* ×(*rubra* ssp. *gulfensis*×*leucophylla*)

叶长（厘米）：70 ～ 90

小虫草堂培育的瓶子草品种

CCP 8001
490
235
CCP 8002

205
259
272
265
CCP 8004
CCP 8005
CCP 8008
CCP 8009
498

301
CCP 8020
CCP 8022
247
CCP 8028
CCP 8031
CCP 8032
CCP 8038
CCP 8033

CCP 8038
CCP 8044
CCP 8046
CCP 8048

太阳瓶子草

来自“天空之城”特普伊的神秘植物，很少有人能够到达它们的原生地，对它们的了解还很少，也许有更多太阳瓶子草还没有被发现。

幼瓶

驰曼塔山太阳瓶子草

Heliamphora chimantensis

叶长（厘米）： 25 ～ 50

纤毛太阳瓶子草

Heliamphora ciliata

因瓶子背部长毛而得名。

株高（厘米）： 10 ～ 20

小囊太阳瓶子草
Heliamphora folliculata

因瓶子顶部有一个囊状的细小花蜜匙而得名。

叶长（厘米）: 20 ～ 30

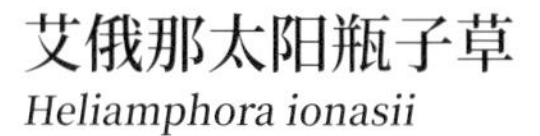

艾俄那太阳瓶子草
Heliamphora ionasii

叶长（厘米）: 20 ～ 45

小太阳瓶子草
Heliamphora minor

较为常见的一种，植株矮小，瓶子前侧没有溢流口，相对容易种植。

叶长（厘米）：10～15

小太阳瓶子草（披毛）
Heliamphora minor var. *pilosa*

小太阳瓶子草的变种，瓶子的内外壁多毛。

叶长（厘米）：10～15

小太阳瓶子草（勃艮第黑）

Heliamphora minor 'Burgundy Black'

小太阳瓶子草的一个紫黑色个体，在光线充足时植株呈紫黑色。

叶长（厘米）：10 ～ 15

内布利纳山太阳瓶子草

Heliamphora neblinae

叶长（厘米）：20 ～ 40

垂花太阳瓶子草
Heliamphora nutans

首个发表的太阳瓶子草物种（1840 年），超过 2/3 的太阳瓶子草直到 21 世纪才被大量发现。

叶长（厘米）：10 ～ 30

帕瓦太阳瓶子草
Heliamphora parva

叶长（厘米）：20 ～ 40

美丽太阳瓶子草
Heliamphora pulchella

叶长（厘米）: 8 ～ 12

似瓶太阳瓶子草
Heliamphora sarracenioides

南美瓶子草属中非常特殊的一种，成年后它的花蜜匙（更贴切地说是瓶盖）与一些瓶子草属植物非常相似，呈三角形，与瓶口完全相连，向前侧弯曲遮挡瓶口。

叶长（厘米）: 20 ～ 30

泰特太阳瓶子草

Heliamphora tatei

在原生地多年生长的植株茎部可高达 1.5 米，叶长可达 50 厘米。

叶长（厘米）：25 ～ 50

另解 × 小太阳瓶子草

Heliamphora×(*heterodoxa*×*minor*)

一个小型、强健、容易爆盆的杂交种，往往杂交种在种植上比纯种更有优势，适合首次种植太阳瓶子草的爱好者，更容易获得成就感。

叶长（厘米）：10 ～ 20

五、捕虫堇

热带高地种群（墨西哥捕虫堇）

1. 墨西哥捕虫堇原生种

墨西哥捕虫堇是国内种植最广泛的捕虫堇，它们柔美可爱，小巧精致，很多莲座状叶片本身就像花一样，且它们的花也非常美丽，多数能多季开花，甚至全年花开不断。

冬季休眠叶

夏叶

纯真捕虫堇
Pinguicula agnata

直径（厘米）：6～15

圆切捕虫堇
Pinguicula cyclosecta

叶片边缘会呈现非常特别的蓝紫色。

直径（厘米）：6～8

爱兰捕虫堇
Pinguicula ehlersiae

非常可爱的小型捕虫堇，叶片红色，强光容易卷边。

直径（厘米）：4～6

“黑色污渍”是捕获的小黑飞、蚊子、果蝇、苍蝇之类的昆虫

凹瓣捕虫堇

Pinguicula emarginata

一般生长在瀑布或溪流周边四季潮湿的岩壁上，被认为是同叶型捕虫堇，冬季不会长休眠叶，但在极端干旱的情况下，也会长出肥厚粗短的休眠叶。

直径（厘米）：6 ～ 10

巨大捕虫堇

Pinguicula gigantea

非常巨大的捕虫堇，很有震撼力，植株直径能达到 30 多厘米，是最大的捕虫堇。它很特别，叶片正反两面都有黏液，不像一般的捕虫堇只有正面有黏液。长在海拔高 350 ～ 800 米朝东或朝南的向阳处岩壁上，栖息地潮湿多雨。它是同叶型捕虫堇，冬季不休眠，稍怕冻，相对于其他墨西哥捕虫堇更耐强光和高温，是容易种植的大型捕虫堇。

直径（厘米）：15 ～ 30

1~4，9 粉红色（强光照、低肥、大温差）
5~6 碧玉色（弱光或高肥）
7 奶白色（强光照、低肥）
8 爆花状态
10 冬季休眠状态

1	2	3	4
5	6	7	8
9		10	

爱丝捕虫堇
Pinguicula esseriana

国内普及度最高的捕虫堇，它实在太可爱了，叶片紧凑，莲座状堆叠式生长，在不同环境下呈现红、绿、白多色，花朵也非常可爱，环境合适时一年多季开花，对环境要求不高，容易群生。

直径（厘米）：4～6

石灰岩捕虫堇

Pinguicula gypsicola

叶片细长，像章鱼的触手，斜展生长，栖息于石膏石山坡上。

叶长（厘米）：6 ～ 12 厘米

异叶捕虫堇
Pinguicula heterophylla

叶片细长，不同于一般的墨西哥捕虫堇，冬季休眠叶片会枯萎，形成球状休眠芽。

叶长（厘米）: 10 ～ 19

半休眠状态，球状休眠芽已经形成

立伯瑞捕虫堇
Pinguicula ibarrae

直径（厘米）: 6 ～ 20

圣母捕虫堇

Pinguicula immaculata

最小的捕虫堇之一，花瓣纯白色，它的学名意为圣母玛利亚，形容它纯净的白色花瓣。

直径（厘米）: 2～3

近藤捕虫堇
Pinguicula kondoi

形态上与网纹捕虫堇相似，叶片稍宽，叶尖稍圆，花茎少茸毛。

直径（厘米）：4～7

劳厄捕虫堇
Pinguicula laueana

直径（厘米）：7 ～ 13

墨克提马捕虫堇
Pinguicula moctezumae

叶长（厘米）：10 ～ 13

墨兰捕虫堇（白花）

墨兰捕虫堇
Pinguicula moranensis

墨西哥、危地马拉、萨尔瓦多都有分布，有多个变种和变型。

直径（厘米）：7 ～ 20

网纹捕虫堇
Pinguicula reticulata

形态上与近藤捕虫堇相似，叶片稍窄，叶尖稍尖，花茎多茸毛。

直径（厘米）: 4～7

圆花捕虫堇
Pinguicula rotundiflora

直径（厘米）: 3～5

2. 墨西哥捕虫堇杂交种

苹果捕虫堇

Pinguicula×(*agnata*×*potosiensis*)

非常容易种植的一个杂交种，夏季一般呈绿色，秋冬季光照充足时叶片边缘会呈现非常漂亮的粉红色，是新手入门品种。

直径（厘米）：10～15

果圆捕虫堇

Pinguicula×[(*agnata*×*potosiensis*) ×*cyclosecta*]

直径（厘米）：8～10

阿芙罗狄蒂捕虫堇

Pinguicula × 'Aphrodite' / *P.* ×(*agnata* × *moctezumae*)

直径（厘米）：15～24

水晶捕虫堇

Pinguicula × 'Crystal' / *P.* ×(*immaculata* × *agnata*)

直径（厘米）：5～8

爱圣捕虫堇
Pinguicula×(*ehlersiae*×*immaculata*)

直径（厘米）：2～4

米拉多捕虫堇
Pinguicula× 'El Mirador'

直径（厘米）：4～6

弗洛里捕虫堇

Pinguicula× 'Florian' / *P.* ×(*debbertiana*×*jaumavensis*)

最讨人喜欢的捕虫堇之一，除了爱丝捕虫堇，应该就是它了，颜色粉嫩，叶片紧凑，可爱至极。

直径（厘米）：4～6

爱威捕虫堇

Pinguicula×(*esseriana*× 'Weser')

直径（厘米）：6～8

纤墨捕虫堇

Pinguicula×(*gracilis*×*moctezumae*)

直径（厘米）：7～15

纤赛捕虫堇

Pinguicula×(*gracilis* × 'Sethos')

直径（厘米）：6～8

鱿鱼须捕虫堇

Pinguicula×(*gypsicola*×*agnata*)

直径（厘米）：5～10

章鱼捕虫堇

Pinguicula×(*heterophylla*×*medusina*) ×*gigantea*

直径（厘米）：15～25

马尔恰诺捕虫堇
Pinguicula × 'Marciano'

直径（厘米）：5～10

赛佛士捕虫堇
Pinguicula × 'Sethos' / *P.* ×(*ehlersiae*×*moranensis*)

直径（厘米）：6～10

威悉捕虫堇

Pinguicula × 'Weser' / *P.* ×(*moranensis*×*ehlersiae*)

威悉捕虫堇与赛佛士捕虫堇的亲本相同，在叶的形态上基本看不出有啥差别，只有在花瓣上有轻微差异，威悉捕虫堇的花瓣中央有明显的白色条纹。

直径（厘米）: 6 ～ 10

亚热带种群

樱叶捕虫堇
Pinguicula primuliflora

最容易种植的捕虫堇，分布于美国东南部沿海平原地区，栖息于溪流、池塘边缘及季节性沼泽地。喜阴喜湿，对光照、温度的耐受性很强，在背阴处或暴晒环境，气温 0 ～ 37℃，都能生长，且繁殖能力很强，会在叶片的尖端长出新植株，用不了多久就会爆盆。冬季没有明显的休眠迹象，春季会集中开花，人工种植时往往一年会多次开花。樱叶捕虫堇非常适合新手种植，会很有成就感！

直径（厘米）： 7 ～ 16

樱叶捕虫堇（重瓣）

Pinguicula primuliflora 'Rose'

起源于日本的一个变异种，花瓣多层，非常美丽！

直径（厘米）：7～16

六、狸藻

狸藻拥有最快的捕猎速度，但植物爱好者们往往多数并不是为了看它们捕虫，因为它们的捕虫囊实在太小了。可它们的花朵相对较大，形态也非常有意思，有些像某种小动物，多数在花季会开出成片的花朵，甚至全年都会陆续开花，它们是食虫植物中的“观花植物”。

陆生狸藻

匍匐狸藻
Utricularia adpressa

原产地： 南美洲北部

双鳞片狸藻
Utricularia bisquamata

原产地： 安哥拉、纳米比亚、南非、马达加斯加

布朗歇狸藻
Utricularia blanchetii

原产地： 巴西

杏黄狸藻

Utricularia fulva

澳大利亚北领地特有的陆生或半水生狸藻，常栖息于溪流边缘的浅层沙土中，雨季时在水中生长，旱季陆生。

原产地：澳大利亚

禾叶狸藻

Utricularia graminifolia

最容易种植的狸藻之一，陆生或半水生，栖息于热带湿地沼泽中。生长极其旺盛，容易开出成片小花，但冬季稍怕冻，不能低于5℃，非常适合新手种植，也是水族箱中常用的观赏水草。

原产地：印度、斯里兰卡、缅甸、泰国、中国

利维达狸藻

Utricularia livida

容易种植的陆生狸藻，夏季虽然比不上禾叶狸藻这么强势，但在冬季它至少不容易冻死，0°C以上一般就没有问题。有多个不同个体。

原产地：墨西哥、非洲

宽瓣利维达狸藻

Utricularia livida f. mexico

花瓣相比普通的利维达狸藻更宽大，也更漂亮。

原产地：墨西哥

小萼狸藻
Utricularia microcaly

花的造型特别有意思，就像是一个京剧老生。

原产地：刚果、赞比亚

斜果狸藻
Utricularia minutissima

分布非常广泛的陆生狸藻，从日本向南，至中国、东南亚，直到澳大利亚北部都有分布。

原产地：东南亚地区、中国、日本、澳大利亚等

海妖女狸藻
Utricularia parthenopipes

原产地：巴西

尖萼挖耳草

Utricularia recta / U.scandens ssp.*firmula*

又称尖萼狸藻、直立狸藻。挖耳草是中国早期对陆生狸藻的称呼，现在一般都称狸藻，仅中国有分布的陆生狸藻还沿用以前的名称做交流。

原产地：中国南部、印度、尼泊尔、不丹

小白兔狸藻

Utricularia sandersonii

最受欢迎的陆生狸藻之一，因花形酷似一只可爱的小兔子而得名。其容易开花，只要环境合适就会开出成片的小花，且一年四季开花不断。

原产地：南非

小蓝兔狸藻

Utricularia sandersonii ‘Blue’

小蓝兔狸藻和小白兔狸藻是同一个物种的不同个体，其上下花冠靠近中心处有辐射状蓝色或蓝紫色韵彩，小蓝兔比小白兔色彩更明显；另外，小蓝兔上下花冠更宽，像是个小“胖”兔。

尖叶狸藻
Utricularia subulata

细丝状叶，不开花甚至都不会注意它的存在，广泛分布于热带、亚热带地区。要经过低温刺激才能正常开花，如果环境不合适，花苞是不会开放的，称为闭锁花。看不到花朵，但它们能完成自花授粉，散播出种子。

原产地：广泛分布于热带、亚热带地区

独花狸藻
Utricularia uniflora

一枝花茎只开一朵花，花朵醒目而有趣，像是一只鳐鱼要飞起来了。

原产地：澳大利亚

瓦堡狸藻
Utricularia warburgii

也称钩突挖耳草，有着酷似小鸟的可爱小花，中国独有的陆生狸藻，很容易种植，可自花授粉，自然掉落后容易在周边蔓延。

原产地：中国南部

附生狸藻

附生狸藻主要分布于中美洲、南美洲北部地区，栖息于热带高山地区潮湿的岩壁，热带雨林长有苔藓的树干，甚至积水凤梨叶片的水槽中。它们的花大而美丽，有很高的观赏性，但多数怕热，基质要非常透气，有较高种植难度，但仍有许多狂热的植物爱好者热衷于种植它们，种好它们是一件令人高兴且有成就感的事！

高山狸藻

Utricularia alpina

有名的兰花狸藻组成员，很有代表性的附生狸藻，花朵巨大洁白，非常美丽。

原产地： 中美洲、南美洲北部地区

双裂苞狸藻
Utricularia calycifida

也有人认为它是陆生狸藻，但种植却要按附生狸藻的栽培方式来进行。其实许多附生狸藻并非完全附生于树干等其他植物上，也有长在地上的，且它在形态上也更符合附生狸藻的特征，园艺分类应服务于园艺种植。

原产地： 圭亚那、委内瑞拉、苏里南

长叶狸藻
Utricularia longifolia

大型附生狸藻，叶长可达 40 厘米，非常容易种植，新手都很难把它养死……

原产地： 巴西

荷叶狸藻

Utricularia nelumbifolia

成株的叶片像荷叶一样，幼株的叶片肾形，在原生地常栖息于积水凤梨叶片的水槽中。

原产地： 巴西

小肾叶狸藻

Utricularia nephrophylla

原产地： 巴西

大肾叶狸藻
Utricularia reniformis

叶片肾形，环境适合则成株叶片能长到手掌大小，是叶片最宽大的狸藻。

原产地：巴西

三色狸藻
Utricularia tricolor

原产地：巴西、哥伦比亚、巴拉圭、委内瑞拉、阿根廷

水生狸藻

丝叶狸藻
Utricularia gibba

呈细丝状，分布极其广泛的水生狸藻，对环境适应性强。

原产地：世界大部分地区（包括中国）

黄花狸藻
Utricularia aurea

原产地：东亚，南亚和东南亚

Encyclopedia of Carnivorous Plants

第四部分

食虫植物的观赏应用

食虫植物作为一类特殊的植物类型，它们为了捕猎演化出了复杂、奇特、富有创意的构造，吸引更多猎物的注意，往往多数具有艳丽的色彩，使得它们具有独特的观赏价值，成为人们种植、收集的对象。

种植形式除了传统注重品种收集的简单盆栽方式，另外也发展了更注重美学，具有更高观赏价值的组合盆栽、微型生态景观，也有运用于展览、商业空间的大型食虫植物造景。由于植物的独特性，展览的吸引力都优于其他植物的展示效果。在家庭园艺私家花园中也有它们的身影，帮助捕虫的同时，也是一道靓丽的风景。在鲜切花领域，早些年瓶子草在花艺上已有应用，具有稀缺性、形态奇特、观赏性强、瓶插期久等优点，近年随着产量的扩大，作为新兴的小众花材逐渐受到市场的青睐。

一、微景观及组合盆栽

食虫植物多数体型小巧，生长缓慢，根系不发达，形态奇特，色彩鲜艳，很适合制作微景观或迷你盆栽，具有很高的观赏性。

迷你可爱的陶盆，种上一棵拇指大的迷你茅膏菜，青釉色的盆体与苔藓非常和谐，橙红色的迷你茅膏菜在绿色的苔藓中格外突出，迷你茅膏菜边缘的黏液在光线的照射下会闪烁珠光般的色彩，非常迷人！拿在手上把玩，让人爱不释手。也可种植其他小型茅膏菜、捕虫堇等，近距离欣赏这些“山野精灵”的奇美，被美丽诱惑的又岂止昆虫……

制作组合盆栽也是非常不错，注重高低搭配的层次感，颜色搭配的丰富感，主色调让重点突出，更多的色彩让盆栽更加灵动。

微景观可以运用更多材料和植物，可采购，也可充分利用身边现有的物资，种植的过程变得有趣和富有挑战性，这不是简单的种植，而是在创造美好！制作的过程中可能失败也可能带来惊喜，不但提高了动手能力与审美情趣，也是一次心灵的旅行，把自然带回家，这才是种植的意义……

这里不说更多技术性的问题，只要动手就有收获，实践的过程就是成长与快乐地“玩耍”，获得心平气和！

更多有趣的智能设备，带自动补光、浇水等功能，让你在不合适的环境中也能够种植它们，让养护变简单。

更大的微景观，就是一个小生态，具有更丰富的植物与更佳的观赏效果。

二、食虫植物展览

每次商业展览中总能获得绝佳的效果，观看人流会和其他展位形成鲜明对比，食虫植物对多数人来说比较新奇，且有极佳的观赏性。

展览中一般会用到一些大型的食虫植物，瓶子草、猪笼草往往是主角，高大挺拔的形象能给人震撼的效果！

三、食虫植物花园

食虫植物的花园独特而美丽，是食虫植物爱好者的梦想花园！基本以高大皮实的瓶子草为主，高低错落，形态奇特，仿佛置身于外星球。户外花园种植与室内相比，食虫植物有更大的施展空间，可以捕食更多“猎物”。一棵成年的瓶子草也许一个生长季就能捕获成千上万的昆虫，它就是一个天然的捕虫器。

如个别瓶子倾倒，可用支撑杆固定

花园地栽需将原土换成食虫植物专用土，于植物周边直径不少于 20 厘米、深度不少于 30 厘米处挖坑，填上专用土，丛植观赏性更高。瓶子草地栽可种植于冬季不低于 -15℃的户外花园。

四、食虫植物花艺

瓶子草叶片呈管状带顶盖，形态奇特，颜色丰富多变，高贵而优雅，相比传统鲜花保鲜更持久，瓶插期可达 2 ～ 8 周。瓶子草切花，春季开花，花朵如宫灯般艳丽，有多种颜色，花瓣约 2 周后掉落，留下盔甲状的柱头和犹如花瓣的花萼一直宿存到深秋，待种子成熟后慢慢枯萎，瓶插期也可达 1 ～ 2 月。

Encyclopedia of Carnivorous Plants

....

第五部分

食虫植物的种植

找不出具有如此强互动性的植物了，
两个字——“好玩”

一、为什么要养食虫植物?

对于我来说，是因为小学的课本上就有讲猪笼草，一条蜈蚣挂在笼子上，半截露在笼子外面，里面的半截已经被消化了，感觉这种植物很神奇！对于大多数人，种植食虫植物是因为它们能“抓虫”，想满足一下好奇心，或是夏天到了，蚊虫多了，食虫植物来抓虫。

但故事的发展往往不是这样的。你的第一盆食虫植物刚到家，可能还没歇一会，就被强行投喂各种“零食”，反正能吃的就吃，不能吃的就“兜着走”！

不管它有没有为你抓到虫，你抓虫的本领可能提高了不少，以前苍蝇、蚊子跑得快，现在你更快；以前怕虫子，现在可能都不怕了，只要看到虫子就想着抓来喂它吃，看它慢慢消化“食物”，家里虫子确实少了……

喂食

食虫植物已经不像植物，它像你的“宠物”！渐渐地，你把它“宠”死了，又养了第二盆、第三盆……

你发现它们形态奇特，颜色鲜艳，观赏性一点都不比平常的花草差，你学会了“欣赏”它们！甚至为此不断地收集、收藏不同种类的食虫植物……

茅膏菜微景观

食虫植物是一个“危险”的种群，当你被它极端的美丽所吸引时，你就像掉落陷阱的昆虫一样越陷越深，无法自拔……

为了故事能够继续，拥有一个快乐的人生，感受自然的神奇，下面我们来学习如何去种植它们。

二、食虫植物的种植要求

食虫植物有着独特的生存方式，在种植管理上也与普通的植物不同，特别是在栽培基质和水源方面有特殊要求，在种植食虫植物之前一定要了解以下基本常识。

种植查尔逊瓶子草

认真学习可以少交“学费”哦。

贫瘠的土壤

食虫植物生长在土壤贫瘠的地方，主要依靠捕虫来弥补营养物质的不足，它们一般根部很不发达，吸收能力较弱，绝大多数食虫植物喜欢低肥、低矿物质浓度且偏酸性的基质，只有墨西哥捕虫堇等生长在石灰岩山区的植物，才喜欢中性或偏碱性基质。

适合栽培食虫植物的常用基质主要有：无肥泥炭、珍珠岩、水苔、赤玉土、植金石等。通常市售的泥炭、培养土、营养土等因含有较多的肥料，只适合种植普通的绿植花卉，不适合种植食虫植物。须特别注意，误用会造成肥伤甚至肥死的严重后果。

常用基质

纯净的水源

要为食虫植物提供一个低矿物质浓度的基质，水源非常重要。比较理想的浇灌水源有雨水、桶装水（包括纯净水、矿泉水，矿泉水虽含有少量矿物质，但也比自来水纯净很多）、纯水机（带RO反渗透膜的净水设备）出水、冷凝水（空调、冰箱出水等）等。

TDS 笔检测水质

自来水水源丰富、取水方便、价格便宜，是人们最常用的水源，但各地的自来水水质有差异。一般来说全国自来水水质南软北硬，东软西硬，南部沿海地区（除滨海城市为盐碱水外）水质较好，降水量多的地区好于少的地区，山区好于平原。只有矿物质浓度低的自来水才可以用于食虫植物。

自来水的矿物质浓度可用市售 TDS 笔测量，一般溶解性总固体含量在 100 毫克 / 千克（ppm）以下的自来水适合使用，100 ～ 200 毫克 / 千克的自来水可使用，200 毫克 / 千克以上的自来水不建议使用。一般每年至少换一次土以防盐分累积影响植物生长，即当盆土表面有黄白色矿物质析出时，或植物出现因矿物质浓度过高引起病症时（植株叶尖、叶边、顶芽枯萎），又或使用 TDS 笔直接测量基质挤出的水的矿物质浓度过高时（达到 300 ～ 500 毫克 / 千克或更高），应及时换土或更换表层基质。

基质表面矿物质析出

一般国内多数地区的自来水是可以使用的，也可通过改良基质，增加基质中颗粒介质的比例来提高排水性，结合大水浇灌、雨季多淋雨等方式减少盐分累积。

充足的光照

食虫植物可以像动物一样“吃吃喝喝”长大吗？当然不行，它们是植物，一般需要通过光合作用获取生长所需的营养，捕食猎物只是为了获得更多营养，相当于施肥的作用。

大多数食虫植物都需要充足的光照，利于更快地生长，使植株更加强壮、颜色鲜艳。原生地的环境不同决定了它们对光照需求的差异，从阳光直射到明亮散射光环境，相当于家庭朝南阳台到室内靠窗处的光照环境，都有适合的食虫植物，它们不能像秋海棠、蕨等耐阴植物一样可以生长在远离窗户的室内。

常见食虫植物的光照要求（指植物正常生长对光照的要求及植物对光照的适应能力）：

特强光（100 000 勒克斯以上）——指植物可接受全年全天候室外阳光直射（暴晒）。

[代表植物] 孔雀茅膏菜等北领地茅膏菜等。

强光（50 000 ～ 100 000 勒克斯）——指植物可接受除夏季中午前后以外室外的阳光直射。

[代表植物] 瓶子草、捕蝇草、多数茅膏菜等。

次强光（10 000 ～ 50 000 勒克斯）——指植物可接受室内朝南窗台及除 5 ～ 10 月中午前后以外室外的阳光直射。

[代表植物] 猪笼草、捕蝇草、茅膏菜、瓶子草、狸藻、捕虫堇等。

中等光照(2 000～10 000勒克斯)——指植物可接受室内窗台、冬季阳光直射及其他季节室外没有阳光直射的环境。

[代表植物] 阿帝露茅膏菜等雨林茅膏菜、狸藻、捕虫堇等。

散射光 (500 ～ 2 000 勒克斯) ——指植物可接受室内窗台没有阳光直射的环境。

[代表植物] 阿帝露茅膏菜等雨林茅膏菜。

在温室、花房等密闭环境中种植更应注意温室效应，为防止阳光照射下温度过高，应适当通风或遮阴。室内种植，光线较差时需进行人工补光，可使用家用灯具或植物生长灯。既要有效利用光能，又要防止植物被烤干，因此一般荧光灯、LED 灯距离植物 10 ～ 30 厘米，白炽灯、卤素灯等根据发热量情况距离植物 20 ～ 100 厘米，每天提供 12 小时左右的光照，也可根据植物生长情况（有无正常发色、生长快慢、是否强壮、有无徒长等）调节灯距和光照时间，一般光照度需达到 2 000 ～ 20 000lx，避免为节省开支使用过低功率的灯具，光照如不能高于光补偿点，植物会无法生长甚至死亡。

不同光照条件下捕虫堇的颜色变化

潮湿的环境

托盘盛水，盆浸法种植

大多数食虫植物喜欢潮湿的环境，它们的原生地大多在高山湿地或低地沼泽中。多数狸藻生长在水边甚至水中；瓶子草、茅膏菜、捕蝇草、亚热带捕虫堇一般生长在潮湿的土壤中，有时积水甚至季节性淹水；猪笼草主要生长在潮湿的热带雨林中，它们需要潮湿透气的基质，也有部分低地猪笼草耐积水；只有墨西哥捕虫堇及少数休眠季的茅膏菜可以在几乎干透的土壤中存活，但它们的生长季也处于潮湿的环境。

潮湿的环境包括适宜的基质湿度和空气湿度。基质湿度过低容易造成植物脱水，但湿度过高造成积水也会影响植物根部的呼吸。猪笼草笼子的生长必须有较高的空气湿度，否则笼子很容易枯萎或无法结笼。其他多数食虫植物在高空气湿度的环境下生长更好，但在夏季高温时，过高的空气湿度会影响植物的蒸腾作用，从而影响植物的代谢，强光和高温也不利于叶片的散热，高温、高湿会造成病菌的大量繁殖，一些对高温高湿耐受性较差的食虫植物容易出现感染、腐烂。

所以，潮湿的环境对于不同的食虫植物有它们合适的区间，可以通过不同方法达到合适的湿度以利于它们的生长。对于要求基质湿度很高的植物（如狸藻等）可以采用高水位盆浸法种植。对于要求基质潮湿又有一定透气性的植物（如猪笼草）可以增加基质中颗粒介质比例，采用干湿交替浇水或盆浸法种植。对于要求空气湿度较高的植物（如猪笼草）可采用密闭环境保湿，如放在鱼缸或温室中，或用开孔的透明一次性杯子、塑料袋套住，或盆面铺上湿水苔、经常喷水，或用自动喷淋设备、加湿器等方法增加湿度（密闭的环境应注意避免阳光暴晒，防止热量无法散失导致植物热死）。受阴雨天等天气影响导致基质及空气湿度过大时，可进行通风或风扇强制通风，减少或停止浇水。此外，补光也可加快水分散失速度，增强植物蒸腾作用，尽快降低湿度。

合适的温度

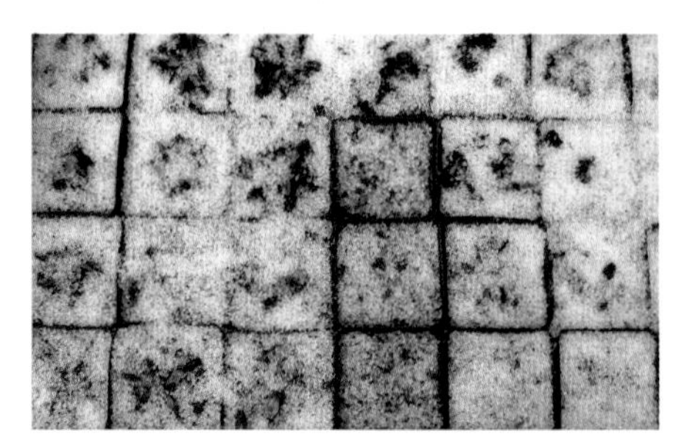
积雪覆盖下的捕蝇草

合适的温度是食虫植物生长的必要条件，也是最容易受到外界环境影响的因素。昼夜变化带来温差，四季变化给许多植物带来春长、夏茂、秋丰、冬枯的生长周期性变化，温度的异常或波动会造成植物的生长混乱，一些植物需要特定的温度刺激才会发芽、开花，超出其能忍受的温度范围就会停止生长或休眠，甚至死亡。

绝大多数食虫植物可在 10 ～ 35℃的温度范围内存活，它们对温度的适应能力与其原生地的环境有很大关系，在选购食虫植物时要了解其所能适应的温度范围，如种植的环境温度无法达到它的要求时，就要考虑加温或降温措施。

加温：一般需提供一个能够密闭的环境，可加装隔热材料，减少热量散失，也可使用加热垫、灯具、暖风机等加热设备加温，最简单的还可以用箱子加台灯进行临时加温。加温时一定要注意安全，发热源与易燃物或植物不要靠太近，做好电源防水。

降温：最简单的方法可用塑料瓶等容器（勿用玻璃瓶，会冻裂）装水，放在冰箱里冷冻，待水结冰后，将容器取出，连同植物一起放在一个密闭的容器里。如需要降温的植物较多时可安装喷雾器、水帘、空调等降温设备。

专业玩家在种植一些有挑战性的高山植物、温带植物时，会使用冷柜进行改装或直接购置植物自动培养箱，种植面积较大时直接用空调控温。

冷柜改装的全自动植物培养箱

养分的供给

食虫植物是“吃虫”的植物，这是它们特有的营养获取方式。如果生长环境里有昆虫，那么它们一般能自行捕食，获得需要的养分。也可人工喂食昆虫或高蛋白的食物，这是种植食虫植物的乐趣之一。喂食时需注意“食物”不能过多过大，以免消化不良，产生腐败，影响卫生和美观。为避免这些问题，建议通过施肥补充养分，一般采用喷灌法，肥液的浓度是普通植物的 1/5 左右，在生长季可使用叶用复合肥等，如产品说明书提到普通植物稀释 1 000 倍，用于食虫植物时应稀释 5 000 倍左右，喷叶或灌捕虫器，每月喷 2 ～ 4 次。薄肥勤施，没有经验切勿随意增加肥料浓度，以免造成肥伤甚至肥死等严重后果。

三、食虫植物的常用基质与配比

常用基质

1. 泥炭

泥炭是沼泽形成过程中的产物，由各种植物残体在水分过多、通气不良、气温较低的条件下，未能充分分解，经过约万年的堆积而形成的一种不易分解、性质十分稳定的有机物。

泥炭类型及参数

根据泥炭的形成条件、植物群落的特性和养分情况，可将泥炭分为三种类型：

- **高位泥炭** 在温带高纬度地区地势较高的地方生成，主要由泥炭藓植物（水苔）形成，呈棕色或棕黄色，分解度低，灰分含量少，酸性较强，泥炭藓植物有大量薄壁细胞，用来储藏和传输水分，增厚的细胞壁在中心形成了一个中空的髓部，并且由于细胞壁很厚，植物死亡后细胞也不会塌陷堵住髓部，在成为泥炭后，仍保持较高的自由孔隙度，保水和透气性都非常好（如加拿大泥炭）。

- **低位泥炭** 在地势比较低洼的地方生成，由苔属植物、莎草、芦苇、木贼等植物形成，呈黑色或深灰色，分解度较高，氮含量高，灰分含量高，持水量较小，酸性较弱。莎草、芦苇、木贼等维管束植物死亡后的分解物，其维管束一般是实心的，不透气，所以低位泥炭透气性和保水性都比不上高位泥炭（如国产的东北泥炭）。

- **过渡泥炭** 又称中位泥炭，是介于上述两种泥炭之间的类型（如部分欧洲泥炭）。

泥炭技术参数

泥炭类型	有机质(%)	粗灰(%)	N(%)	P_2O_5(%)	K_2O(%)	腐殖酸(%)	pH
高位泥炭	93	7	1.20	0.17	0.23	10 ~ 20	3 ~ 4.5
过渡泥炭	76	24	1.81	0.39	0.26	15 ~ 30	5.5
低位泥炭	64	36	2.30	0.49	0.27	20 ~ 40	5.5 ~ 7

小虫草堂在十五年里，用过三个产区二十多个品牌的泥炭，经过几百次对比试验得出，高位泥炭是食虫植物理想的调配基质。国内市场上泥炭主要来源于三个产区：

- **东北泥炭** 以草纤维为主的低位泥炭，分解度高，灰分多，透气性、保水性差，不耐久，一般作为低端盆栽基质或地栽改良土壤使用。

东北泥炭　　欧洲泥炭　　加拿大泥炭

基质对比测试

智利水苔 加拿大泥炭 欧洲泥炭

2009年7月11日

2009年8月21日

用智利水苔种植捕蝇草优于欧洲泥炭，特别是在初期对照组都不施肥的情况下，能提供植物更多营养，且有很好的抑菌作用，但后期管理不当容易出现腐烂情况。加拿大泥炭整体稳定性优于水苔，部分对照组长势甚至超过智利水苔。

● **欧洲泥炭** 国内使用最普遍的主流泥炭，以泥炭藓植物为主及少量草纤维的中高位泥炭，质量较好，但有些有杂菌，一般花卉盆栽应用较多。

● **加拿大泥炭** 以泥炭藓植物为主的高位泥炭，极少含有草纤维及灰分，手感松软富有弹性，保水性、透气性佳，分解度低，持久耐用，酸度高，能抑制病菌滋生。且靠近瓶子草、捕蝇草的原生地。

泥炭的特性

● 具有良好的保水、保肥、透气、透水等物理特性；

● 具有良好的生物活性，能提高种子发芽率，促进根的发育，增强植物对逆境的抵抗能力；

● 内含丰富的有机质及氮、磷、钾、钙、镁、硫、铁等多种营养元素，能提供植物生长所需的多种营养；

● 无毒、无味、无病、无虫、洁净，可直接使用或与珍珠岩等其他颗粒介质混合使用。

如何选购优质的泥炭

● 看颜色，颜色越浅，分解度越低，使用时间较久；

● 看成分，泥炭藓植物（水苔）成分越多、草纤维越少越好（泥炭藓植物保水透气，更适合植物生长，也更耐用）；

● 手抓时弹性越好，质量越好（弹性好，更透气）；

● 抓完看手掌，手掌越干净越好（手掌越干净说明灰分越少）；

● 相同体积看重量，重量越轻越好（重量轻，则水分少、灰分少，孔隙度高，更透气）。

2. 水苔

水苔是一种天然的苔藓，属苔藓科植物，又名泥炭藓。长在热带、亚热带海拔较高的山区潮湿地或沼泽地，长度一般在 8 ～ 30 厘米。水苔的质地十分柔软，并且吸水能力极强，吸水量相当于自身重量的 15 ～ 20 倍，保水时间长，广泛用于各种花卉的栽培。

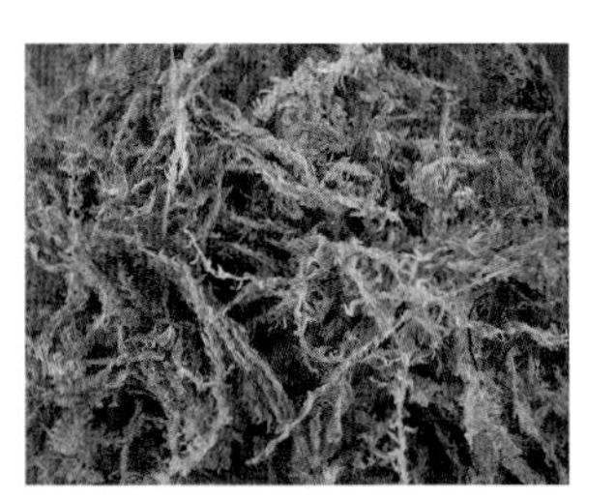

干水苔

活水苔

水苔的特性

● 纯天然植物制品，干净，无病菌且有抑菌效果，能减少病害的发生；

● 保水及排水性俱佳，保湿又透气；

● 内含丰富的有机质及氮、磷、钾、钙、镁、硫、铁等多种营养元素，基本能够满足食虫植物对营养的需求；

● 具有生物活性，相当于纯天然的活力素，促长效果佳；

● 不易腐败，可长久使用，换盆亦不必全部更新。

水苔的种植效果

水苔在食虫植物栽培中的运用

● 单独使用，纯水苔可用于栽培大多数食虫植物，与其他基质进行的对比试验中，综合效果最佳，适用性最广；

● 与珍珠岩等颗粒介质混合使用，进一步提高基质的透气性，防止浇水不当、基质过湿，适用于种植对透气性要求较高的猪笼草等植物；

● 局部运用：可放在基质的表面提高盆面附近的空气湿度，防止浇水时基质溅出弄脏叶面，也具有装饰美化盆面的效果；采用传统浇水方法时也可放在盆底，防止细颗粒基质流失，提高基质的保湿性。

注意事项

● 水苔质量等级越高，水苔越长越粗，杂质越少，使用时间越久，效果也越好。选购时可根据自己的经济承受力及用途进行选择，新西兰水苔优于智利水苔优于国产水苔，食虫植物栽培一般使用智利水苔居多；

● 使用前需充分吸水，可在水中浸泡，用热水泡最佳（可杀菌、除草籽），放凉后备用；

● 浇水应在水苔还没完全干透时进行，一旦干透很难重新吸水，万一干透可放入水中浸泡；

● 更换基质时，如发现水苔与根部缠绕在一起切勿硬扯，以免断根，应在水中浸泡晃动，把旧水苔洗去。

珍珠岩

3. 珍珠岩

珍珠岩是一种含结晶水的酸性硅质火山玻璃熔岩。珍珠岩在矿山经爆破、挖掘，然后经破碎机破碎，筛分成膨胀所必需的粒度，再经400～500 ℃预热，在1 180～1 350℃高温下焙烧膨胀，就形成了富含闭口和开口气孔的轻质粒状材料，称之为膨胀珍珠岩，园艺上称的珍珠岩即是膨胀珍珠岩。膨胀珍珠岩具有无菌、质轻、透气、不释放盐分的特点，是蛭石（会分解细化，并会释放盐分）、陶粒（即发泡炼石，会释放盐分）无法相比的，非常适合在食虫植物栽培中运用，与泥炭、水苔等混合使用，可提高基质的排水性、透气性。

赤玉土

4. 赤玉土

赤玉土是由火山灰堆积而成的高通透性火山泥，盛产于火山较多的日本，其外表淡黄色，表面粗糙但无棱角，颗粒状，结构疏松，用手指可以碾碎。其形状及内部结构有利于蓄水和排水，且无菌，pH 呈微酸性。赤玉土适用于各种植物盆栽，可谓“万能用土”，可单独使用，也可与其他介质混合使用，混用时赤玉土占1/3左右。喜干植物或盆浸法种植的植物可增加用量，反之减少用量。大盆或大型植株可使用粗粒，小盆、小型植株及育苗可使用细粒或粗细粒混用。

5. 植金石

植金石为火山喷发之后，释放大量气体、热量，经高温而形成的多孔、体轻的火山石经加工处理而成。植金石质地较为坚硬，但可以用手掰碎，pH 为 5.5 ～ 6.5，干时洁白，湿润后，色泽偏金黄。植金石具有体轻、排水、保湿、透气性俱佳的特性，是园艺栽培中非常优良的无机介质。可单独使用，也可与泥炭等其他介质混合使用，比例为 1/3 左右，因其极佳的排水、透气性特别适合猪笼草等对透气性要求较高或喜干的植物栽培。

植金石

6. 树皮

用于种植介质的树皮一般指松树皮经过发酵等加工后的树皮，也叫松鳞，其排水、透气性好，适合猪笼草、瓶子草等，少量添加（比例不超过 1/4）有利于发根，添加过多易释放有害物质，反而会影响生长。

发酵树皮

7. 椰块

椰块是用机械把天然椰子外壳切割成小块制成，被广泛用于种植对透气性要求较高的植物，是一种环保、有机、洁净的无土栽培基质，既可以单独作为基质使用，也可与泥炭、珍珠岩等基质混合使用。其颗粒度较大，含纤维多，使用周期长，不易腐败，疏松透气，保水、排水性佳，酸度适宜，pH 在 5.5 ～ 6.5。椰块一般可用于种植猪笼草、捕虫堇等透气性要求较高或喜干的植物。在猪笼草基质对比试验中，椰块、泥炭、珍珠岩按 1 ∶ 1 ∶ 1 的比例混合，栽培的猪笼草长得最快。但椰块也有缺点，其盐分含量大，使用前必须多次泡水脱盐，初次泡水使用 TDS 笔检测读数甚至可达 1 000 毫克 / 千克以上，建议多次泡水直至读数低于 200 毫克 / 千克后再使用，新手不建议尝试。

椰块

椰块种植效果

8. 蛭石

蛭石

蛭石是层状结构的硅酸盐经高温加热后形成的云母状物质。其在加热过程中迅速膨胀，膨胀后的体积相当于原体积的 8 ～ 20 倍，蛭石容重为 130 ～ 180 千克 / 米^3，呈中性至碱性（pH7 ～ 9），每立方米蛭石能吸水 500 ～ 650 升，富含氮、磷、钾、铝、铁、镁、硅酸盐等成分。蛭石有较高的层电荷数，故具有较高的阳离子交换容量和较强的阳离子交换吸附能力。作为园艺用蛭石，其主要作用是增加基质的透气性和保水性。其质轻，水肥吸附性好，不腐烂，但容易粉化。蛭石一般用于需中性或碱性基质的食虫植物栽培，如墨西哥捕虫堇等。将蛭石少量混合在栽培基质中，用于调节 pH，提高基质透气性。

常用基质配比

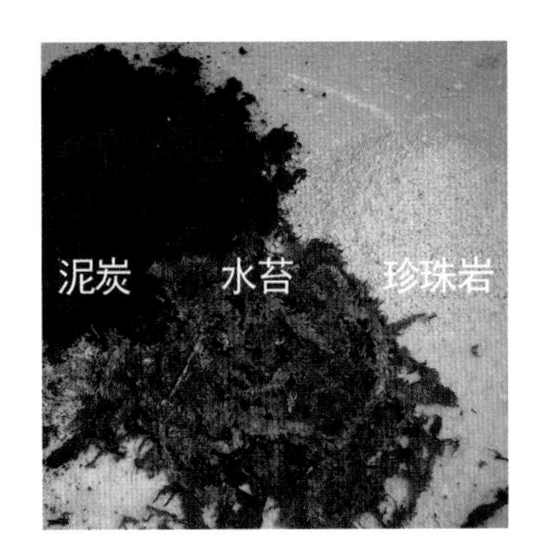

● **泥炭：珍珠岩或粗沙 = 2：1**　适合大多数喜湿的食虫植物，价格便宜，适应性广。

● **泥炭：珍珠岩 = 1：1**　适合采用盆浸法（盆泡在有水的盆垫中）种植的植物或喜欢干燥透气的植物。

● **泥炭：珍珠岩 = 3：2**　食虫植物万能通用配方。

● **纯泥炭**　适合种植喜湿植物，粗泥炭块也可用于种植喜欢透气的植物或大型盆栽。

● **纯水苔**　适合各种食虫植物栽培，特别是播种、扦插、育苗常用，保水透气性好；也可垫于盆底或铺于盆面，用于防止水土流失或提高空气及基质湿度。

对于资深玩家来说，食虫植物用什么基质种植，没有一个标准答案，种植会受气候环境、浇水方式、盆的大小等因素影响，需要根据植物的习性与实际栽培情况进行调整。如大盆种植或水质较差，需采用大水灌溉时，应增加大颗粒介质比例或用大颗粒介质铺底，以提高基质透气性、排水性，防止积水及盐分累积；如不方便换土或想延长换土周期，可使用无机基质或增加无机介质比例；如大型植株叶量大或吊盆种植土干太快，可增加水苔或泥炭等吸水性强的介质比例……

只要了解植物的习性和介质的特性，你也可以调配出适合自己的最佳基质。

食虫植物基质推荐

	基 质	特 性	用 途	优 点
无机基质	珍珠岩	质轻，透气、排水性佳	常与泥炭混用	容易运输搬运，且价格便宜，被广泛使用
	赤玉土	保水、透气、排水性俱佳	万能土，可铺面、单独使用或与泥炭等混用	万能土，基本所有植物都可用
	硅藻土	透气、排水性佳，杀虫除菌	铺面、底，或与泥炭等混用（比例一般不超 1/3）	据说对杀虫除菌有一定的效果，铺面美观
	鹿沼土	酸性，保水、透气、排水性俱佳	铺面，或与泥炭等混用，建议捕蝇草可使用	铺面美观
	粗河沙	透气、排水性佳	铺面可减少虫害，或与泥炭等混用，建议茅膏菜可铺面使用	可减少土生虫害
	植金石	酸性，保水、透气、排水性俱佳	铺面、底，单独使用或与泥炭等混用，建议猪笼草可使用	透气性极佳、耐久，盐分不容易累积，可重复使用
	火山石	透气、排水性佳	铺面、底，或与泥炭等混用（比例一般不超 1/3）	铺面美观，经久耐用
	蛭石	弱碱性，保水、透气、排水性俱佳	可铺面或与泥炭等混用（比例一般不超 1/3），建议捕虫堇可使用	含多种矿物元素
	麦饭石	透气、排水性佳，具有保健作用	铺面、底，或与泥炭等混用（比例一般不超 1/3）	含丰富矿物元素，可吸附有害物质
有机基质	强酸泥炭（未调 pH）	酸性，保水、保肥，含丰富营养成分	常与珍珠岩等颗粒状基质混用，建议捕蝇草可使用	含丰富营养成分
	泥炭（调 pH）	保水、保肥，含丰富营养成分	常与珍珠岩等颗粒状基质混用，通用基质	含丰富营养成分
	粗泥炭	保水、保肥、透气、排水性俱佳，含丰富营养成分	常与珍珠岩等颗粒状基质混用，建议种植大型猪笼草、瓶子草时使用	含丰富营养成分
	水苔	酸性，保水、保肥，含丰富营养成分	可单独使用，也可铺面、铺底或与珍珠岩等颗粒状基质混用，通用基质	含丰富营养成分
	水苔粉	酸性，保水、保肥，含丰富营养成分	播种、叶插	含丰富营养成分
	椰块	透气、排水性佳	单独或混合其他基质使用，建议猪笼草可使用	经久耐用

（续）

基质		特性	用途	优点
混合基质	泥炭：珍珠岩=2 ：1	保水性好	喜湿食虫植物通用	通用
	泥炭：珍珠岩=1 ：1	排水性好	适用于盆浸法种植或喜欢干燥透气的植物	
	泥炭：珍珠岩=3 ：2	保水性、排水性好	食虫植物万能通用配方	
	泥炭：硅藻土：赤玉土=3 ：1 ：1	食虫植物通用	食虫植物专用土升级配方，食虫植物通用	可避免珍珠岩浇大水上浮的问题
	水苔：珍珠岩=2 ：1	保水、透气、排水性俱佳	适合猪笼草等喜欢透气的植物	
	粗泥炭：植金石=3 ：2	保水、透气、排水性俱佳	适合猪笼草等喜欢透气的植物	
	泥炭：珍珠岩：赤玉土：植金石：硅藻土=3：1：1：1：1	透气、排水性俱佳	适用于盆浸法种植或喜欢干燥透气的植物	经久耐用

四、主要食虫植物的种植技术

猪笼草的种植

猪笼草是热带植物，喜欢温暖湿润的环境（高地种夏天需降温，保持较大的昼夜温差），不耐寒，怕干燥和暴晒。

1. 基质

种植猪笼草要求基质疏松透气，保水性、排水性俱佳，一般选用偏酸性的栽培基质。通常可用 2 份泥炭 +1 份珍珠岩混合，也可单独用粗泥炭或纯水苔等种植。大盆种植时可在基质中及盆底加入少量树皮、椰块、植金石、泡沫块

猪笼草的根系

等大颗粒介质，以提高基质透气性。盆浸法种植时可用 1 份泥炭 +1 份珍珠岩混合，也可加入其他大颗粒介质，在盆底垫上植金石、珍珠岩、泡沫块等大颗粒介质并高于水位线，或单独用植金石、赤玉土等颗粒介质种植。种植风铃猪笼草、诺斯猪笼草等根部极其脆弱或原生在石灰岩地区的猪笼草，又或希望延长换盆周期时，可用植金石等硬质颗粒基质种植。一般基质更换周期 1 ～ 2 年，植金石更换周期可达 3 ～ 5 年。

猪笼草原生地一般盛产椰子，因此多用椰糠、椰丝、椰块种植，国内也能买到，但不一定适合。因加工工艺不同，此类介质可能含有大量盐分，只有经过长时间雨淋风化或清水浸泡等降盐处理，才能用于种植猪笼草。如想尝试，建议用清水浸泡几天并多次换水后再使用。

2. 浇水

使用矿物质含量低的水（如雨水、纯净水等），基质保持潮湿透气，但不能积水（当基质表面有水光是水分处于饱和状态的表现，表明基质已经过湿，应停止浇水），以免影响根部的正常生长，甚至出现烂根，导致植株死亡。缺水会导致植株脱水萎缩，叶片下垂、卷曲或波浪式起皱，发育中的笼子干枯。

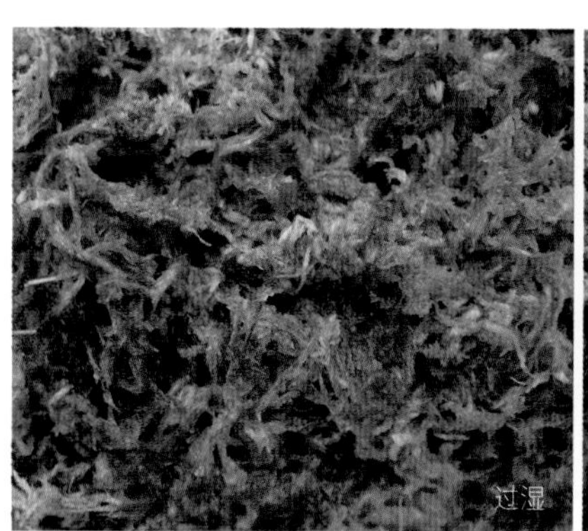

纯水苔种植干湿判断

光照不足
（徒长，叶片瘦小，叶色暗绿无光）

光照充足
（植株强壮，叶片油亮）

3. 光照

猪笼草需中等光照，即柔和阳光或明亮散射光，适合种植在室内阳台或窗台，通常早晚可晒，其他时间遮阴或放在明亮散射光处。这些植物虽然能在没有直射光的地方生长，但长期得不到阳光照射会状态不佳。实际种植要根据品种、植株情况、季节、温度等因素调整，协调好光照、温度、湿度的关系（强光会使温度升高、湿度下降，在密闭环境种植时，要防范阳光直射产生的高温，适当通风或遮阴）。一般猪笼草在冬季、初春、深秋可全日照，阳光直射，夏季需用遮光率 50% ～ 80% 的遮阳网遮阴或放在非常明亮的散射光处，其他季节中午前后需避开阳光直射。适宜的光照能使植株强壮，叶片有光泽，笼子大而鲜艳，但光照过强会抑制生长，甚至灼伤叶片，导致笼子干枯；光照不足会使植株弱小徒长，生长缓慢，叶片暗绿薄嫩，笼子瘦小甚至无法发育。

4. 湿度

栽培猪笼草时，空气湿度控制在 80% ～ 90% 为最佳，湿度过低直接影响笼子的形成。种植猪笼草碰到问题最多的就是笼子枯萎，且新叶的卷须没有发育成笼子就枯萎，这一般都是湿度不够造成的。把猪笼草放在密闭的地方

（如玻璃缸里或用塑料袋套起来等），很容易得到一个高湿度的环境（但也须注意：正常情况下湿度不宜长期超过 90%，否则会抑制植株的新陈代谢，并导致菌类大量繁殖。为了避免温度过高往往会降低光照度，造成植株虚弱，成活率下降，容易出现烂芽、烂茎、烂根的现象）。猪笼草也有一定的适应能力，当它正常结笼后，逐渐降低湿度，通过这样的驯化一般可以适应 60% 以上的湿度。

5. 温度

猪笼草在热带地区，常年可保持生长，不会休眠。高地种（1 000 米以上）日温 20 ～ 28℃、夜温 10 ～ 18℃，低地种（1 000 米以下）温度 20 ～ 35℃，这样的环境温度适合猪笼草生长。如果无法达到以上的温度要求，高地种应控制在 10 ～ 30℃，低地种应控制在 15 ～ 40℃，这种条件下多数猪笼草都能存活，个别品种可以承受 2℃低温或 45℃高温。

根据我国的气候特点，栽培上进一步将猪笼草分为四个类型（个别品种因其特殊性，需区别对待）：

● **低地种 (lowland)**　海拔高度 1 000 米以下。冬季需保温 10 ～ 15℃，夏季全国均可度夏，要求环境温度一般不超过 40℃。

● **中地种 (lowland-highland)**　海拔高度跨越 1 000 米。冬季需保温 5 ～ 10℃，夏季放在阴凉处全国可度夏，要求环境温度一般不超过 35℃，温度过高会影响长势。

● **高地种 (highland)**　海拔高度 1 000~2 000 米。冬季需保温 5℃以上，夏季可用专用空调、植物控温培养箱、改装冷柜、冷水机、冰块等降温（山区、北方地区也可自然度夏），日温最高控制在 30 ～ 35℃，夜温 20℃以下，如夜间无法提供大温差，植株生长会迟缓，但一般不至于死亡。如没有条件可放在空调房或其他阴凉处，温度过高，植株生长会停滞，笼子也可能会枯萎。状态不佳时应及时改善环境，以免植株衰竭而死。

● **超高地种 (highestland)**　海拔高度上限超过 2 000 米。冬季需保温 5℃以上，夏季需用专用温控设备降温，日温一般不超过 30℃，夜温 15℃左右。如温度过高，缺少温差，植株生长会停滞，笼子也可能会枯萎，甚至衰竭而死，没有降温设备切勿尝试。

6. 养分

猪笼草是大型食虫植物，对养分的需求也较多。在野外主要依靠捕捉昆虫获取营养，但人工种植时，能捕捉到的昆虫不多，可通过施肥来补充额外养分。在生长季节，使用叶面复合肥 4 000 倍液喷施叶面或灌入笼子 1/3 高度，每月喷 2 ～ 4 次。避免在叶面喷施过多高氮肥，否则会造成叶子非常宽大，笼子较小。

7. 繁殖方法

● **扦插** 用锋利的刀具从母株上斜向切取不少于 2 节的茎段（3 ～ 4 节最佳），叶子减半，栽种于洁净的基质（选用优质水苔效果最佳），保持高湿度和明亮光线环境（可套透明塑料袋放置于靠窗处），一般一个月左右生根。等至少长出两片新叶后可在塑料袋上开孔，逐渐降低空气湿度，注意观察植株的状况，调节开口的大小（如叶片有轻微萎缩脱水，说明空气湿度下降过快，应减小开口），使植株能够适应空气湿度下降的速度，直到最后取下塑料袋，和正常植株一起栽培。

● **分株** 当植株较大时，会从地下茎基部长出新植株。待新植株长至 2 ～ 6 片叶时将其与母株分离，栽于洁净的基质，保持高湿度和明亮光线环境（可参考扦插方法）。

● **压条** 用刀对茎部进行环剥或切出 V 形切口（深度 1/2），有条件可涂抹生根剂。用湿水苔包裹伤口并长期保湿，不能透光，2 ～ 4 个月生根，生根后从母株上切下移栽（这种方法一般较少采用）。

● **播种** 猪笼草雌雄异株，栽培多年才会开花，授粉后才会结种，因此种子不易取得，且采收后不易保存，应尽快播种，时间越久发芽率越低，种子保存时间不宜超过 6 个月。播种适宜温度为 15 ～ 30℃，具体应根据品种而定，低地猪笼草温度应高，高地猪笼草温度应低。将种子直接撒于潮湿洁净的基质表面（基质可用纯水苔或混合泥炭），保持高湿度和明亮光线环境（可套一次性透明杯或透明塑料袋放置于靠窗处），1 个月左右发芽。小苗生长缓慢，种植 5 年以上才能长到成株，可存活长达几十年。

实生小苗

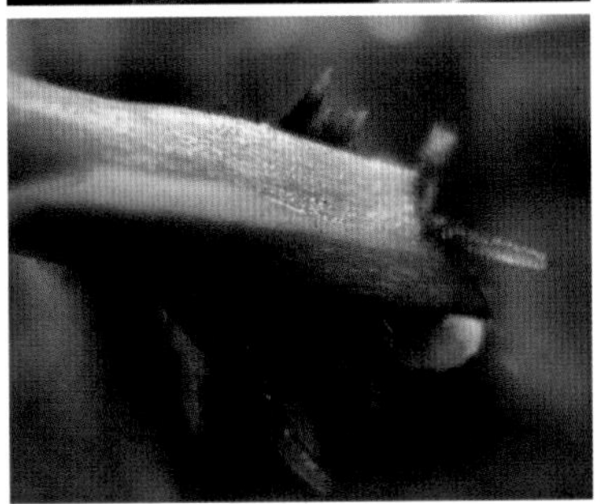

猪笼草的扦插过程

捕蝇草的种植

健壮的捕蝇草

捕蝇草喜酸性、潮湿的基质和良好的光照。

1. 基质

种植捕蝇草需使用保水性好、酸性甚至强酸性的基质，pH在3～5。可使用纯水苔或2份强酸泥炭+1份珍珠岩或粗沙（石英砂、河沙等）的混合基质，盆浸法种植时可使用1份强酸泥炭+1份珍珠岩或粗沙的混合基质。种植时应把白色的鳞茎全部埋入基质中，如叶片向下弯曲不好操作，可在茎部包裹水苔以方便植入或将叶片上扶后植入。根据实际情况，一般一两年换一次基质，初春生长前换土最佳。换土时应把枯叶清理干净，如有子株应分开种植以利于生长。捕蝇草鳞茎匍匐生长一段时间后植株会发生位移，以利于获得更多养分，换盆时应重新种在盆中央或在生长点方向留出更多距离。

捕蝇草的种植深度示意

2. 浇水

捕蝇草对盐分比较敏感，水中矿物质浓度过高会导致植株衰弱直至死亡，表现为植株停长或变小，未老化的夹子、叶柄边缘、顶芽开始枯萎。所以建议使用雨水、纯净水等矿物质含量低的水。如使用自来水，出现植株衰弱或相关病症时应及时换土。捕蝇草喜湿不耐干，生长季节需保持基质较高湿度但不能积水（积水容易烂根），除日常浇水之外也可使用低水位盆浸法种植（水位高度以花盆能够吸到水即可），基质绝对不能干透（基质过干时会变成灰白色，质地变硬，体积缩小，盆边会出现空隙），干透后植株萎缩，会造成严重损伤甚至死亡。休眠期基质需保持潮而不湿的状态，过湿容易导致植株腐烂。

3. 光照

捕蝇草是喜光植物，可接受全日照，适合种在有阳光直射的室外阳台或窗台，适宜的光照能使植株强壮，夹子更大，颜色更鲜艳（夏季光照度超过100 000lx的特强光照射时也可能使夹子颜色由红转黄，出现褪色现象，这与光照不足时的表现是不同的）。夏季为避免高温，也可用遮光率50%遮阳网遮阴或放在中午前后晒不到太阳的明亮处。光照不足会使植株变弱，生长缓慢，叶片暗绿薄嫩，夹子小，原本正常情况下夹子内侧或叶柄的红色部位变暗绿色（如植株非常虚弱，不应立刻提供强光照，以免因不适应强光造成晒伤，应逐步增强光照）。

4. 湿度

栽培捕蝇草时，空气湿度应保持在 50% 以上，一般种植环境都可以满足，无需特别加湿，只要盆土潮湿即可。但新种的捕蝇草一定要保持高湿度（可套袋保湿），以免脱水萎缩。等根部长好、植株开始正常生长后再逐步降低空气湿度。

5. 温度

生长适宜温度 20 ～ 30℃，可在 -7 ～ 38℃下存活。夏季高温（最高温度超过 35℃）容易烂茎，切勿在中午高温时间浇水，且尽量不要浇到植株。冬季气温在 10℃以下时植株会休眠，休眠时大部分叶片会枯萎，只剩下中心很小的休眠叶，如温度进一步降至 0℃左右，这时叶片、根可能会全部枯萎，只剩下地下的鳞茎过冬。休眠鳞茎比较耐寒，可短时间抵御 -7℃的低温。

2013 年 1 月 19 日，捕蝇草休眠中，经过一个生长季植株已经发生了位移，在春季生长前应重新移植，为左侧的生长点留出更多空间

2013 年 2 月 1 日，一个深度休眠的捕蝇草鳞茎

6. 养分

在生长季节，可用叶面复合肥等 5000 倍液喷施叶面，每月喷 2 ～ 4 次。薄肥勤施，切勿浓度过高，以免造成肥伤甚至肥死，没有经验请勿随意施肥（新手经常会碰到植株瘦弱、生长缓慢的情况，误以为施肥能解决问题，实际上很多情况是由于光照不足造成的，如果此时不按要求配比随意施用高浓度肥料，很容易致死）。也可采用喂食的方法，投喂昆虫或新鲜瘦肉（生的，切勿喂烧熟的，无法消化），且大小要合适，以夹子的 1/3 大小为宜，使夹子能够完全

包住食物（捕蝇草的消化液有杀菌作用，能防止食物腐败，若夹子无法完全密闭，会使食物暴露在空气中腐败变质，造成夹子变黑坏死），投喂夹子的数量不能超过夹子总数的 1/3。但即使不施肥，也不喂食，捕蝇草也不会“饿死”。喂食不能取代光合作用，仍需保持良好的光照。

7. 病虫害

夏季闷热潮湿，容易发生叶斑病、茎腐病，可喷洒广谱杀菌剂防治。良好的通风环境、良好的光照、较大的昼夜温差都有助于减少病害的发生。如发现溃烂严重，应立即把腐烂部分彻底清除，然后将植株放入杀菌剂浸泡 5 分钟，再植入全新的洁净基质。

8. 繁殖方法

● **叶插** 把整枚叶片从母株上剥下，斜插或平放于水苔等洁净基质上，保持高湿度和明亮光线（可套透明塑料袋或放于透明容器中），约 2 个月可长新芽。

● **分株** 捕蝇草会经常长侧芽，当长到足够大时，分株的鳞茎会从母株上自然分离，此时可挖出来单独栽培或在换土的时候分开种植（有时花茎上也会长芽，也可进行分株繁殖）。

捕蝇草叶插

花茎上生长的新植株

捕蝇草的生长过程

● **播种** 种子采收后应尽快播种，时间越久发芽率越低，保存时间不宜超过 6 个月。播种适宜温度 15 ～ 30℃，种子直接撒于潮湿洁净的基质表面（可用纯水苔或混合泥炭），表面不覆土或覆盖 1~3 毫米厚的细泥炭或细粒赤玉土以帮助固定根系，保持高湿度和明亮光线（盆底可放水盘，低腰水种植，放于靠窗处），一个月左右发芽。小苗生长缓慢，种 3 ～ 5 年才能成株，可活长达几十年。

温馨提示：

初夏，成熟的捕蝇草植株开始长出花茎，开花后自花授粉结籽率很低，一般需要人工异花授粉。若不收种子应及时把花茎掐掉，以免消耗养分，如保留花茎会使植株直到种子成熟后一个月也不会长新叶，如植株不够强壮或不够大就开花，有可能衰竭死亡。不建议购买种子，小苗已经非常便宜，市售种子假货居多。总之，新手极不推荐播种繁殖。

北领地茅膏菜

茅膏菜的种植

茅膏菜种类多、分布广，每个种群都有各自的特点，大多具有喜湿、喜光且耐阴的特性。

1. 基质

种植茅膏菜一般要求使用保水性良好、偏酸性的栽培基质，通常可用 2 份泥炭 +1 份珍珠岩或粗沙（石英砂、河沙等）的混合基质，也可用纯水苔或纯泥炭。球根种群还需要良好的排水、透气性，可使用颗粒土（赤玉土、植金石、鹿沼土、硅藻土等）混少量泥炭种植。根据实际情况一般 1 ～ 3 年换一次基质，植物生长状态良好一般无须换土，选择生长季前换土最佳。

2. 浇水

使用低矿物质浓度的水源，生长季节可保持基质较高湿度，适合采用盆浸法种植，盆垫底部供水，植株不适合经常喷水，以免使腺毛的“露珠”被冲走。对于温带茅膏菜、球根茅膏菜等有休眠习性的种类，休眠期需保持微潮，不能积水，以免腐烂。

3. 光照

大多数茅膏菜喜欢光照，充足的阳光能使植株颜色鲜艳。北领地茅膏菜夏季中午可暴晒，是最喜光的茅膏菜。雨林茅膏菜是最耐阴的茅膏菜，明亮散射光即可。一些温带茅膏菜、热带高地茅膏菜等怕热种，为防止温度过高，夏季适当遮阴或室内控温人工补光，一般光照不足植株会偏绿。

4. 湿度

栽培茅膏菜时，空气湿度应保持在50%以上，较高的湿度能减少水分蒸发，使腺毛的黏液“露珠”更大，观赏性更佳。

5. 温度

茅膏菜分布范围广，对温度的要求差异较大，但多数茅膏菜能在15～28℃下正常生长。

茅膏菜的黏液“露珠”

● **热带茅膏菜** 喜热，多数生存温度为5～38℃，适宜温度为15～30℃，夏季高温无障碍，冬季室内保温，种植简单，无特殊要求。

● **热带高地茅膏菜** 怕冷又怕热，多数生存温度为5～33℃，适宜温度为15～28℃，冬季室内保温，夏季放阴凉处适当遮阴或人工控温，昼夜温差大更佳。

● **雨林茅膏菜** 物种最少的一类，共3种，分别是阿帝露茅膏菜、爱心茅膏菜、叉蕊茅膏菜。喜阴喜湿，怕冷怕热，多数生存温度为5～33℃，适宜温度为15～25℃，仅阿帝露茅膏菜适应能力较强，可在2～38℃下存活。冬季室内保温，夏季放室内明亮散光处或人工控温，昼夜温差大更佳。

● **北领地茅膏菜** 喜强光、高温，极怕冷，多数生存温度为 15 ～ 45℃，适宜温度为 25 ～ 35℃，夏季中午可暴晒。孔雀茅膏菜容易种植，可耐 5℃低温，冬季室内可过冬，除此之外其他物种冬季都需补光加温。

● **温带茅膏菜** 喜凉怕热，温度要求差别大，多数冬季需 0℃以上，部分物种可耐 -20℃以下的低温；夏季怕热，一些物种也能耐 30 ～ 38℃高温。很多有休眠习性，冬季低温休眠（10℃以下）或夏季高温休眠（30 ～ 35℃以上）。

● **迷你茅膏菜** 植株矮小，多数对种植要求不高，生存温度为 0 ～ 37℃，适宜温度为 4 ～ 30℃，冬季 10℃以下会长冬芽。湿地种比旱地种容易种植，个别旱地种夏季有些怕热，干旱条件下会夏眠。

● **球根茅膏菜** 较难种植，冬季生长夏季休眠，喜凉喜光，生存温度为 0 ～ 37℃，适宜温度为 4 ～ 25℃，多数 25 ～ 30℃地上部分开始枯萎并进入休眠期。

6. 养分

在生长季节，可用叶面复合肥等 5 000 倍液喷施叶面，每月喷 2 次。薄肥勤施，切勿浓度过高。茅膏菜腺毛非常脆弱，若施肥浓度过高，轻则腺毛坏死，无法分泌黏液，重则直接肥死，没有经验请勿随意施肥。茅膏菜不建议投喂食物，以免影响观赏性。

7. 病虫害

茅膏菜病虫害较少，夏季闷热潮湿，有可能发生溃烂，可喷洒广谱杀菌剂防治，保持良好的通风环境。也有可能遭受蚜虫危害，一般不严重，可及时用专用杀虫剂均匀喷施叶面防治。

8. 繁殖方法

● **扦插** 大多数茅膏菜都可采用叶插繁殖，把整枚叶片从母株上剥下，斜插或平放于洁净的基质上（选用优质水苔效果最佳），保持高湿度和明亮光线（可套透明塑料袋或放于透明容器中），约 1 个月可长新芽。一些根、茎粗壮的品种，如叉叶、好望角、孔雀等茅膏菜也可用根插或茎插，操作与叶插相同。

茅膏菜扦插

迷你茅膏菜的中心正在生长冬芽

茅膏菜发芽

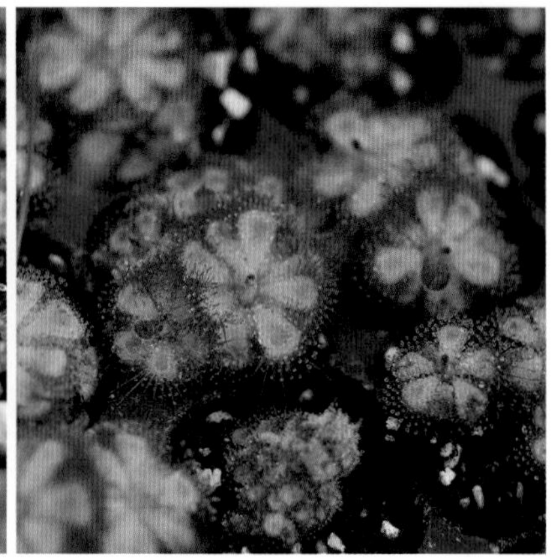

● **冬芽** 迷你茅膏菜在冬季会长冬芽，成熟后脱落，及时采收（可用镊子或湿牙签拨取），采收后立即种在洁净的基质表面（冬芽不耐保存），保持高湿度和良好光照，一般1～4周生根发芽。

● **播种** 多数茅膏菜开花后会自然结出许多细小的种子，也有个别品种如叉叶茅膏菜等需异花授粉才容易结种，种子一般可保存约3年。播种时可直接撒于洁净的基质表面（切勿覆土），保持高湿度和明亮光线，适宜温度为15～30℃，约1个月发芽。温带茅膏菜种子一般需低温刺激打破休眠才可发芽（可在冬季播种，或播好连盆放冰箱冷藏1个月）。

瓶子草的种植

瓶子草属植物多数生长在空旷的沼泽湿地中，喜欢充足的光照，潮湿的土壤，不怕寒冷和较低的空气湿度，是一种易于栽培的食虫植物。

1. 基质

种植瓶子草通常可用2份泥炭+1份珍珠岩混合，也可单独使用粗泥炭或纯水苔等种植。大盆种植或盆浸法种植时可在基质中适当加入植金石、赤玉土、硅藻土、少量树皮等大颗粒介质，以提高基质透气性，利于长出发达的根系。一般换土周期1～3年，植物生长状态良好一般无须换土。初春生长前换土最佳，换土时应把枯叶清理干净，侧芽过多可分开种植以利于生长。种植时茎部尽量靠近土表，叶片不要接触到土，否则容易出现真菌感染。成株匍匐茎会向一个方向生长，换盆时应重新种在盆中央或在生长点方向留出更多距离。

紫色瓶子草

2. 浇水

使用低矿物质浓度的水源，生长季节适合采用盆浸法种植，以保持基质高湿度。浇水尽量不要浇到叶片，特别是在夏季高温时，闷热潮湿且通风不良的环境下，叶片上的水长时间不干容易引发真菌感染，出现叶斑病。

3. 光照

瓶子草是喜光植物，需全日照，适合放在阳台、窗台、露台、花园等室外阳光能够直射的地方，多数夏天也不怕暴晒。光照可使植株强健、颜色鲜艳。瓶子草不能长期放在室内散光处，会逐渐衰弱直至死亡。

4. 湿度

瓶子草对空气湿度要求不高，只需保持在 30% 以上即可，一般任何种植环境都可以达到，无须考虑空气湿度问题。

5. 温度

生长适宜温度为 20 ～ 30℃，一般可在 -10 ～ 40℃下存活。冬季气温在 10℃以下时会休眠，休眠时多数叶片会枯萎，营养回收至茎部。紫色瓶子草北方亚种可耐 -25℃以下低温。

6. 养分

多数瓶子草植株比较高大，是食虫植物中相对喜肥的一类。初春从休眠中苏醒，凭借茎部冬天储存的营养进入一个快速的生长期，每天都能看到新叶不断长高，此时需要更多的养分供应。在生长季节，可用叶面复合肥 2 000 ～ 4 000 倍液喷施叶面或灌入瓶子不超过叶片高度的 1/3，每月喷 2 ～ 4 次。春季换土也可配施土壤缓释肥，用量可按普通植物的 1/3 使用。当然，如果不希望瓶子草长得太快，不施肥也能长得很好，植株更紧凑，颜色更鲜艳，观赏性更佳。

白瓶子草的休眠茎

7. 病虫害

夏季闷热潮湿，容易发生叶斑病、茎腐病，可喷洒广谱杀菌剂防治。良好的通风环境、良好的光照、浇水不要浇到植株，都有助于减少病害的发生。如发现土不干，叶片在没有征兆的情况下突然萎蔫，很有可能得了茎腐病，茎部出现真菌感染，这时应立即把植株从土里挖出，切除茎部腐烂变色的部分，然后放入杀菌剂浸泡 5 分钟，再植入全新的洁净基质。但即使还有部分完好，救治成功率仍然很低，最重要还是提前做好预防工作。春末、夏秋季容易遭受蚜虫、蓟马危害（嫩芽卷曲僵化，叶片出现灰褐色斑），可及时用专用杀虫剂均匀喷施叶面防治。

8. 繁殖方法

● **分株** 瓶子草会长侧芽，当长到足够大时会自然分离或茎部出现明显分枝，可在春季换盆时分开单独栽培。

● **扦插** 使用叶插或茎插都能繁殖。可把叶片剪半，从母株上剥下，斜插于洁净的基质上，也可将走茎切成长 3 厘米的小段，给切口涂抹杀菌剂，平放于洁净的基质上，再在上面铺湿水苔，保持高湿度和明亮光线，约 2 个月可长新芽。瓶子草一般较少采用扦插繁殖。

● **播种** 瓶子草的种子保存期限较长，可达 3 ～ 5 年，但发芽时间也较长，需 1 ～ 4 个月。一般播种前需低温冷藏（5℃左右）1 ～ 2 个月，并需保持种子潮湿，可用湿纸巾包裹或放于湿水苔中（为避免发霉，水苔与种子最好先消毒），也可播种后连盆放入冰箱冷藏，或直接在冬季低温时播种。冷藏后播种适宜温度为 15 ～ 30℃，种子直接撒于洁净的基质表面（可用纯水苔或混合泥炭），表面不覆土或覆盖 1 ～ 3 毫米厚的细泥炭或细粒赤玉土以帮助固定根系，保持高湿度和明亮光线（盆底可放水盘保湿），1 个月左右发芽（也有极少情况几个月甚至 1 年后发芽），种 3 ～ 5 年才能长到成株。

瓶子草发芽

瓶子草幼草

捕虫堇的种植

捕虫堇种类多、分布广，种植要求也有差异，一般都喜欢明亮的光线，多数怕热和强光。

1. 基质

以墨西哥捕虫堇为代表的热带高地种群多数生长在石灰岩山区，需采用碱性或弱酸性基质配方，一般可用多种矿物质介质（植金石、赤玉土、珍珠岩、蛭石、石膏、沙等）加少量有机质介质（泥炭、椰糠等）混合，如可用 1 份珍珠岩 +1 份植金石 +1 份赤玉土 +1 份蛭石 +1 份椰糠或泥炭进行混合，也可直接使用赤玉土种植。亚热带种群可使用酸性基质配方，如可用 2 份泥炭 +1 份珍珠岩进行混合，也可单独使用纯泥炭或水苔种植。

2. 浇水

使用低矿物质浓度的水源。热带高地种群生长季节可保持基质潮湿，但不能积水，冬季休眠期、夏季高温 30℃以上控水，保持基质微潮。非常耐旱，土干透数个月仍能保持存活。亚热带种群（如樱叶捕虫堇）多数喜湿不耐旱，基质需始终保持潮湿甚至积水状态。捕虫堇适合采用盆垫底部供水，植株不适合经常喷水，以免冲淡叶上的黏液。气温 30℃以上时热带高地种群的栽培基质不可过湿，并尽量避免往叶片上喷水，否则容易出现烂茎、烂叶的情况。

3. 光照

捕虫堇喜欢明亮的光线，适合种在窗台等有明亮散射光的地方，也可接受柔和阳光的照射，但须避免强光暴晒。

捕虫堇盆栽

多种墨西哥捕虫堇混种

爱丝捕虫堇不同环境的形态变化

4. 湿度

栽培捕虫堇时，空气湿度应保持在 50% 以上，一般种植环境都可以满足，无须加湿。

5. 温度

热带高地种群生长适宜温度为15～25℃，喜欢较大的昼夜温差，存活温度为0～35℃，多数冬季10℃以下会休眠，长出肥厚粗短的休眠叶；亚热带种群生长适宜温度一般在 20 ～ 30℃，多数可在 2 ～ 35℃下存活，个别种可承受 0℃低温或 38℃高温；温带种群生长适宜温度在 10 ～ 20℃，多数可在 0 ～ 25℃下存活，国内几乎无人种植。

6. 养分

在生长季节，可用叶面复合肥等 5 000 倍液喷施叶面，每月喷 2 次。薄肥勤施，切勿浓度过高，以免造成肥伤甚至肥死，没有经验请勿随意施肥。不适合通过投喂食物来提供养分，以免影响观赏性。

7. 病虫害

热带高地种群夏季高温容易烂茎，良好的通风环境、降温、较大的昼夜温差，叶片上不要喷水并控制好基质湿度，基质表面铺植金石、粗砂等无机颗粒介质，都有助于减少病害的发生。一旦发现茎部已有部分腐烂，一般很难救治，可截取未感染的叶片进行叶插，以延续生命。捕虫堇也会受到蜗牛、蛞蝓、地老虎等啃食，有时一夜之间会吃掉一大片，小型植株甚至会只留下根茎，可等夜间“凶手”出没时将它捕获，也可使用专用杀虫剂喷施叶面防治。

8. 繁殖方法

● **叶插** 把整枚叶片从母株上剥下，平放于洁净的基质上，保持高湿度和明亮光线，约 1 个月可长芽。有些捕虫堇冬季的休眠叶会自然脱落，发芽后成为新的植株。

● **分株** 多数捕虫堇会在根茎部长出侧芽，有的甚至在叶片尖端（樱叶捕虫堇等）、匍匐茎等上长出新芽，当长到足够大时，从母株上分离，单独栽培。

樱叶捕虫堇（重瓣）叶片尖端正在长芽

● **冬芽** 以温带种群为主的一些捕虫堇在冬季低温的刺激下，莲座状叶的基部会长出一些珠芽，俗称冬芽，等珠芽成熟后会脱落，这时可将它取出，底部朝下轻轻压入洁净的基质表面，等春季气温回暖的时候会长出新芽。

● **播种** 一般捕虫堇都需要进行异花授粉才能结种，可选择开花 2 天左右的花朵，用牙签等器具蘸上花粉后涂抹到另一朵花的柱头上，如授粉成功后一般 1 ～ 2 个月蒴果成熟开裂，散出细小的种子。播种时可直接撒于洁净的基质表面，保持高湿度和明亮光线，约 1 个月发芽。一些温带种群的种子需要冷藏一个冬季才会发芽，也可在冰箱冷藏，可达到同样的效果。

狸藻的种植

狸藻大多喜欢明亮的光线，非常潮湿的基质或在水中生长。

1. 基质

陆生狸藻喜高湿，可单独用水苔或泥炭种植，也可混入 1/2 珍珠岩或河沙；附生狸藻喜潮湿透气，可单独用水苔种植，也可在粗泥炭或水苔中加入珍珠岩、植金石、椰块等大颗粒介质，在保湿的同时提升基质的排水透气性；水生狸藻可用盛水的容器在底部铺上一层薄薄的酸性基质种植，如泥炭（用前须泡湿）、赤玉土等，也可用塘泥种上睡莲、菖蒲等挺水植物伴生，以利于水质的稳定，如有条件可用专业水族箱并参考水草的种植方法。

2. 浇水

使用低矿物质浓度的水源。陆生狸藻适合采用高水位盆浸法种植，以保持基质高湿度，部分物种也可淹水种植（如禾叶狸藻，可作为水族箱前景草使用）；附生狸藻需保持基质较高湿度和良好的透气性，也可采用低水位盆浸法种植；水生狸藻应根据水量消耗情况适时补水，当水质出现变化，TDS 值超 200 毫克 / 千克时换水，每次更换总水量的 1/3 左右。

水下生长的禾叶狸藻

3. 光照

陆生和附生狸藻大多喜欢明亮的光线，适合种植在窗台等有明亮散射光的地方，也可接受柔和阳光的照射，但须避免强光暴晒。水生狸藻则更喜光，明亮散射光下会比较瘦弱，更适合放在阳光能够直射的窗台或阳台，自然光下需使用大容器保证足够水量以保持水温的稳定。

4. 湿度

栽培陆生狸藻时，空气湿度应保持在 50% 以上，一般的种植环境都可以满足；栽培附生狸藻时，空气湿度应保持在 60% 以上，高地种以达到 80%~90% 最佳。

5. 温度

狸藻分布地区广，对温度的要求也有较大差别，多数生长适宜温度 15 ～ 28℃，多数常见的狸藻可在 5 ～ 37℃下存活，个别物种可承受 0℃低温，高地种（多数附生狸藻）或温带种要求夏季气温不超过 30℃。

6. 养分

在生长季节，陆生和附生狸藻可用叶面复合肥等 5 000 倍液喷施叶面，每月喷 1 ～ 2 次。薄肥勤施，切勿浓度过高，以免造成肥伤甚至肥死，没有经验者请勿随意施肥。水生狸藻每月可施水草液肥，可参考水草的种植方法，也可投喂少量水蚤，作为水生狸藻的活食。

7. 病虫害

狸藻病虫害较少，一些热带种冬季低温容易出现溃烂，并逐渐向四周扩散，一旦发现应立即清除溃烂部分，再喷洒广谱杀菌剂防治，有条件可加温至 15℃以上，以减少病害发生。

8. 繁殖方法

（1）切断 狸藻是很容易繁殖的食虫植物，将过长的茎段切断就能成为新植株。

（2）播种 播种时可直接撒于洁净的基质表面，保持高湿度和明亮光线，水生种群可直接将种子播于水面，在适宜的温度条件下，1～2个月即可发芽。

非常见食虫植物的种植要点

1. 眼镜蛇瓶子草

山地植物，喜凉喜湿，生长适宜温度15～27℃，喜低夜温，生存温度-10～30℃（30℃以上容易烂茎，成活率低），10℃以下休眠，多数叶片会枯萎。空气湿度应保持在50%以上，喜光也较耐阴，可接受阳光直射，但环境温度超过27℃时须遮阴，给予明亮散射光，以免温度过高，夏季一般需用空调等降温设备控温。其他可参考瓶子草的种植方法。

2. 太阳瓶子草

热带高地植物，喜凉喜湿，生长适宜温度15～25℃，喜低夜温，生存温度2～33℃（30℃以上容易烂茎，成活率低），个别品种可耐35℃高温。其他可参考高地猪笼草的种植方法。

3. 貉藻

水生植物，生长适宜温度15～25℃，生存温度0～30℃，冬季10℃以下休眠形成冬芽过冬。其他可参考水生狸藻的种植方法。

4. 土瓶草

喜凉植物，生长适宜温度15～25℃，生存温度2～35℃（30℃以上容易烂茎，植株越大越容易烂茎，成活率越低）。其他可参考高地猪笼草的种植方法。

5. 食虫凤梨

生长适宜温度 15 ～ 30℃，生存温度 2 ～ 35℃。其他可参考高地猪笼草的种植方法。

6. 螺旋狸藻

生长适宜温度 15 ～ 28℃，生存温度 2 ～ 33℃。其他可参考陆生狸藻的种植方法。

7. 彩虹草

生长适宜温度 15 ～ 30℃，生存温度 10 ～ 37℃。其他可参考热带茅膏菜的种植方法。

8. 露松

地中海气候植物，怕闷热高湿，夏季要注意通风，闷热潮湿天气极易死亡，需进行强制通风。生长适宜温度 15 ～ 28℃，生存温度 0 ～ 38℃。其他可参考球根茅膏菜的种植方法。

9. 花柱草

“食虫植物中的杂草”，很容易种植，没特殊要求，生长适宜温度 15 ～ 30℃，生存温度 0 ～ 38℃。

10. 捕虫树

地中海气候植物，怕闷热高湿，夏季要注意通风，闷热潮湿天气极易死亡，需进行强制通风。生长适宜温度 15 ～ 28℃，生存温度 0 ～ 37℃。其他可参考球根茅膏菜的种植方法。

网购食虫植物种植操作流程

1 / 准备好种植工具及材料（拌土的容器、喷壶、镊子、水等）。

2 / 开箱取出物品。

3 / 拆包核对商品及数量。

4 / 拌土，将土倒入容器，加适量水（约土体积的 1/4）拌湿。切勿用干土种！

5 / 装盆，将土装入盆中，中间挖坑。

6 / 小心剥开护根材料。

7 / 用镊子轻轻夹住根的下部，送入盆中挖好的坑中。

8 / 种植深度以植物的根茎部充分埋入土中，植物稳固为准。

9 / 收到已经种植好的植物打开包装即可。

10 / 将植物及盆冲洗干净，并将土浇透。

11 / 将植物放置在潮湿明亮的地方缓苗一两周，避免阳光直晒。（可连盆装入自封袋，袋口打开透气）。

12 / 过一两周左右，当植物适应了你的环境，开始正常生长后，可将套着保湿的材料拿掉，再根据植物的习性逐步将植物移到一个适合生长的环境。

最简单的方法：可采用盆浸法种植，将植物放在托盘中，注水约1厘米高，始终保持有水即可。

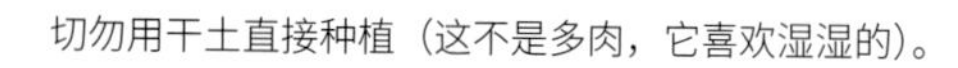

切勿用干土直接种植（这不是多肉，它喜欢湿湿的）。

种植深度不够，白色茎部应完全埋入土中。

Encyclopedia of Carnivorous Plants

第六部分
病虫害防治

一、预防病虫害的发生

一方面我们努力为不同的食虫植物提供最佳的生长环境，使之能够健康、快速地生长，使植株强壮，提高对病虫害、逆境的抵抗能力；另一方面也要从环境的角度考虑如何抑制病虫害发生。合理的环境控制才能达到既促进生长，又减少病虫害发生的目的。环境控制的目的就是各种环境因子（包括温度、湿度、光照、基质等）的合理配置与相互平衡。

温度

多数食虫植物在25℃以下时极少发生传染性病害，在30℃以上时发病率最高，其内因是多数食虫植物在高温下抵抗力有所下降，外因是高温下致病菌大量滋生。如有条件，在高温时适当降温能减少病害发生。

湿度

湿度包括基质湿度和空气湿度。基质湿度过低容易造成脱水，但过高造成积水也会影响植物根部的呼吸。多数食虫植物在高空气湿度的环境下生长更好，但在夏季高温时，过高的空气湿度会影响植物的蒸腾作用从而影响植物的代谢，强光和高温下也不利于叶片的散热，高温、高湿还会造成病菌的大量繁殖，一些对高温高湿耐受性较差的食虫植物容易出现感染、腐烂的情况。湿度过大时可进行自然通风或用风扇强制通风，减少或停止浇水，从而降低湿度。另外，补光也可加快水分散失速度，增强植物蒸腾作用，尽快降低基质及空气湿度。

光照

强光能抑制病菌滋生，阳光中的紫外线也具有一定的杀菌作用，很多食虫植物的新玩家都很担心植物被晒死；还有些玩家为了降低温度，将植物放在阴暗处，不敢给植物接受阳光的照射，造成植物徒长、变弱、抵抗力下降，这时极易被病菌侵入。

传染源

没有病菌、没有害虫，就不会发生病虫害，因此，控制病虫的来源非常重要，有助于减少病虫害的发生。

● 植物的来源要可靠，选购质量好、健康无病虫害的植株；

● 种植基质、容器、浇灌用水应无虫无病菌，否则应进行消毒、杀虫处理，如用热水浸泡、暴晒、使用杀菌剂等；

● 隔离致病菌、害虫，平时有接触过染病植株的器具应进行消毒处理，可采用花房、套袋、防虫网物理隔离，或在盆表面铺粗沙防止害虫产卵等。

各环境因子不是孤立的，可相互促进，也可相互制约。重点应考虑温度、湿度、光照之间的关系，避免顾此失彼的情况发生。例如，高湿度有利于猪笼草笼子的生长，但空气湿度过高又会影响植株的新陈代谢，也会造成病菌滋生；强光可以抑制病菌滋生，使植株更加健壮，但强光也会使空气湿度迅速下降导致猪笼草的笼子干枯；把种植的环境密闭起来（如套袋或使用花房等）可以提高空气湿度，但强光下会导致温室效应，产生超高的温度，足以把猪笼草热死。日常管理中，如发现植株生长过密，要适当进行移植，清除植株上的枯叶、病叶，也能提高环境的通透性，增强光照效果，降低湿度，有效减少病害发生。

各环境因子涉及面广，也比较复杂，需综合利用，合理配置，保持各环境因子的相互平衡。对于新手来说还需要时间慢慢实践，不断研究，积累经验，才能取得良好的效果。

二、防治病虫害

发生生长异常要先确定其由病害引起还是虫害引起，如果属于病害还要确定是传染性病害，还是非传染性病害（或称生理病害）。生理病害是由环境引起的，如晒伤、冻伤、肥伤、基质盐分过高等；传染性病害主要由病菌引起，具有传染性。

常见病害

1. 常见生理病害

通过改变环境、更换基质、控水等措施即可解决。

● 基质盐分过高

症状：一般会出现顶芽发黑，叶尖、叶缘变黄，烂根等现象（也可用 TDS 笔检测基质盐分）。
措施：更换基质，或用矿物质含量低的水源浇水，如纯净水、雨水等。

● 肥伤

症状：叶片萎蔫、变黄，顶芽变黑，茅膏菜腺毛坏死，无露珠，烂根等。

措施：用大量水冲洗或浸泡植株和基质，也可以更换基质。

● 缺光

症状：徒长，叶片细长、瘦弱、暗绿、无光泽，一般贴地生长的植物开始向上生长、看不到主茎的品种出现细长的茎秆、应该会红的部位没有变红等。

措施：调整种植环境，增加光照或进行人工补光。

● 晒伤

症状：顶芽、叶缘焦枯等。

措施：调整种植环境，加遮阳网或转移到光照稍弱的地方。

● 冻伤

症状：叶片上出现褐色斑点、斑块，叶片变黄变蔫等。

措施：保温、加温。

● 基质过湿

症状：叶片变黄、烂根、烂茎。

措施：暂时停止浇水，移除水盘，等稍干后控制浇水量，也可更换基质，增加大颗粒介质。

2. 常见传染性病害

一般食虫植物的传染性病害主要是由高温高湿环境引起的，病菌大量滋生，植物抵抗力下降，使病菌有可乘之机。每当环境温度超过 30℃，真菌感染的发生概率就大幅增加，在种植捕蝇草、瓶子草、热带高地捕虫堇时尤为明显，它们的损耗 95% 出现在梅雨至夏末高温季节。

捕蝇草叶斑病症状

瓶子草茎腐病症状

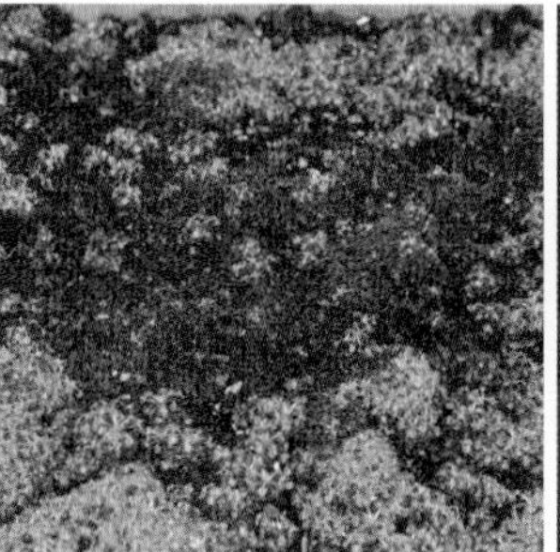

茅膏菜成片溃烂

捕虫堇茎腐病症状

瓶子草虫害引起的真菌感染，需要进行杀虫杀菌

所以为食虫植物创造合适的环境尤为重要，重点调控好温度和湿度。另外，光照也是重要的平衡因素，增加光照会促使温度上升、湿度下降，减少光照则温度下降、湿度上升；此外，强光能抑制病菌滋生，阳光中的紫外线也具有一定的杀菌作用。

合适的环境能使植物更健康，抗病能力更强，在环境不合适的时候及时干预。温度过高时适当遮阴，但又不至于影响它的生长，出现徒长，或用植物生长灯取代自然光，以降低热量，也可以运用设备进行降温。湿度过高时进行通风，必要时用风扇等设备进行强制通风，尤其在浇水不当，叶片有水且长时间不干时尤为重要。

种植捕蝇草、瓶子草、捕虫堇等时，切勿在夏季中午高温时间浇水，浇水尽量不要浇到植物，良好的通风环境、良好的光照、较大的昼夜温差都有助于减少病害的发生。如果出现病菌感染，须加强通风、降低环境湿度、增加光照、喷洒杀菌剂进行防治。感染严重时须清除植株的病叶、烂叶等感染部分，必要时挖出植株，用杀菌剂浸泡，之后换新基质种植。

除因高温高湿造成病菌感染之外，虫害传播也会引起感染，冬季低温、缺光造成植物抵抗力低下，引起病菌感染，因此，在杀菌的同时还须采取杀虫、环境调整等措施。

常见虫害

食虫植物能捕虫，但不是所有昆虫都能捕，它们也会遭受虫害。相比其他园艺植物，食虫植物的虫害很少发生，但一旦出现应及时采取措施，以免损失扩大。

1. 蓟马

蓟马一般体长只有 1 ～ 3 毫米，幼虫呈白色、黄色或橙色，成虫呈黄色、棕色或黑色，它们常以锉吸式口器锉破植物的表皮，吸食其汁液。蓟马主要危害瓶子草和猪笼草，初夏、秋季高发，遭受蓟马危害的叶片、嫩芽会扭曲僵化，叶片出现灰褐色斑块，严重时会导致植株畸形僵化。一经发现须及时用专用杀虫剂均匀喷施叶面防治。

1　瓶子草叶片扭曲
2　瓶子草新叶僵化
3　瓶子草新芽上的蓟马
4　猪笼草叶背的斑块
5、6　猪笼草叶片上的蓟马

1	2	3
4	5	6

孔雀茅膏菜叶柄背面的蚜虫

2. 蚜虫

蚜虫一般体长约 2 毫米，多为绿色或白色，通常用刺吸式口器刺穿植物的表皮吸食其汁液。蚜虫主要危害瓶子草的新芽、茅膏菜和捕虫堇的叶柄、叶背、花茎等，春末高发，会导致植株畸形僵化。但相比蓟马危害较小，也容易防治，一经发现用专用杀虫剂均匀喷施叶面即可。

3. 蛾类

以夜蛾科为主的蛾类幼虫，体长一般 2 ～ 5 厘米，多数黑色或灰色，通常用咀嚼式口器啃食叶片和嫩芽，一般夜间活动，食量大。主要危害猪笼草、瓶子草、捕虫堇和茅膏菜等，夏秋高发，易造成叶片残缺，顶芽缺失，如植株幼小，地上部分可能在一夜之间被吃光。蛾类幼虫一般夜间活动，白天躲在隐蔽处很难发现，一旦发现植物被啃咬，可在夜间手工除虫，也可用专用杀虫剂均匀喷施叶面防治。

蛾类成虫

蛾类幼虫为害状

专栏

食虫植物栽培常见问题 Q & A

Q1. 不同食虫植物擅长捕捉的昆虫有哪些？

- **猪笼草** 可捕食苍蝇、果蝇、蚊子、蟑螂、飞蛾、甲虫、蚂蚁等。
- **捕蝇草** 可捕食苍蝇、蚊子、蟑螂、蜗牛、地老虎等。
- **茅膏菜** 可捕食跳虫、蚂蚁、蚊子、小黑飞等小型昆虫。
- **瓶子草** 可捕食苍蝇、果蝇、飞蛾、甲虫、蚂蚁等。
- **捕虫堇** 可捕食跳虫、蚂蚁、蚊子、小黑飞等小型昆虫。
- **狸藻** 可捕食蚊子的幼虫等微小水生物。

Q2. 如何提高空气湿度？

多数食虫植物在较高的空气湿度下会长得更好，在较高的空气湿度下，猪笼草的笼子才能正常生长，并使笼子长得更大，保存时间更久，空气湿度达 80% ～ 90%最佳；茅膏菜、捕虫堇等叶片与“露珠”（腺毛上黏液）会长得更大，观赏性更佳。但也须注意，湿度并不是越高越好，过高会抑制植株的新陈代谢，引发菌类大量繁殖，特别是连续几天湿度持续在 90% 以上，将直接导致植株的成活率下降，出现烂叶、烂茎、烂根的现象。尤其像露松、捕虫树等地中海气候植物，高温高湿环境下，可能今天很健康，明天就死给你看……

那如何提高环境的空气湿度呢？可以通过以下两种方式：

- **保湿** 使用较为密闭的环境，如放在鱼缸或温室中（适合猪笼草等大型植物或有许多植物），或用开孔的透明一次性杯子、塑料袋套住植株（适合种植茅膏菜等小型植物或叶插、扦插繁殖）。密闭的环境应注意防止阳光暴晒，温度过高时适当通风，避免热量无法散失，把植物热死。

- **增湿** 采用高水位盆浸法种植（盆泡在水盘中，适合喜湿的陆生狸藻、莲座状茅膏菜等贴地型植物），或盆面铺上湿水苔、经常喷水、使用自动喷淋或加湿器等（适合猪笼草等）。

> 温馨提示：
> 茅膏菜等黏捕式捕虫的食虫植物不适合经常喷水，会冲淡黏液，甚至使腺体在没有黏液保护的情况下过早坏死。

Q3. 食虫植物开花会死吗？

当食虫植物从顶芽处开始抽出花茎，如果希望它快快长大，就应该把花茎掐掉。一般食虫植物的根系都不发达，营养吸收能力弱，开花会影响叶片生长，除了瓶子草、捕虫堇和狸藻等为了观花可以保留花茎，其他食虫植物的花茎都建议掐掉，尤其是捕蝇草。捕蝇草植株长出花茎后，一般不再长新叶，直到花茎顶部开始枯萎后一个月左右。较小的植株或病弱株开花甚至会导致其衰竭死亡。一些品种花茎被掐掉后会继续长出花茎，需要不断摘除，如需观花或采种，应挑选大型、足够健壮的成株。

Q4. 食虫植物能消灭家里的蚊子、苍蝇吗?

食虫植物能捕食昆虫，但不等于它们能够消灭家里的害虫。它们捕食昆虫的数量是有限的，就好比我们在家里拍苍蝇、蚊子、蟑螂，总不能彻底消灭，达不到蚊香、杀虫剂等化学药剂的效果，但它们的捕食过程确实能带给我们一些意外的惊喜，给生活增添一份乐趣！此外，它们对少儿的吸引力往往是出乎想象的，也许通过了解这些小小的植物能改变孩子的未来，颠覆认知、提高想象力、激发他们探索自然的兴趣……

Q5. 会伤害我和我的宠物吗?

食虫植物是一个脆弱的种群，不应该把它们想象成恐怖的食人植物。捕蝇草的夹子不会把我们的手指夹疼，茅膏菜也不会粘住家里的猫狗，相反，许多食虫植物可以入药，被我们所用（如猪笼草可清热止咳、利尿，茅膏菜可止血、镇痛等）。如果家里有猫狗等宠物，也要小心植物被它们当成玩具扯咬翻动。

但如果家养的是迷你宠物（如昆虫、小型爬行动物等），个头比食虫植物的捕虫器（如猪笼草的笼子等）还小的话就要小心了，记得把它们进行隔离或在捕虫器入口塞上棉花。

Q6. 为什么我的食虫植物不红?

经常看到食虫植物的图片颜色都非常鲜艳，大多数呈现红色或与之相近的颜色，很多人开始也是被这艳丽奇特的模样所吸引，才逐渐开始认识食虫植物，但当自己真的拥有它时，却发现它的外表并没有图片中美丽。其实原因不在于食虫植物本身，而在于它的环境。适当的光照有助于它们恢复鲜艳的色彩，较大的温差、低温等条件都会对此产生促进作用，但这些环境因素的变化要在它们能够承受的范围之内。当然，也有一些食虫植物天生就是绿色，无论你如何调整环境，它们始终是绿色的。

光线由弱至强，大多数食虫植物植株整体或捕虫器颜色变化规律：暗绿→亮绿→淡红→红→紫红→红→红黄→黄绿。

光照是很好的“着色剂”，也是“褪色剂”，当自然光下放置位置不变，颜色从红色逐渐转黄时，说明光照已经过度，须控制光照（有其他病症的植株除外）。

Q7. 如何让食虫植物适应环境？

任何生物都有适应环境变化的本领，食虫植物也不例外，只要环境的变化速度与幅度在它们可以承受的范围内。根据这一特性，我们可以用较少的付出让更多不同生长环境的植物住进我们的家园。在食虫植物刚搬到新家或打算变更种植环境时，请先模仿它们的原生环境或以前生长的环境，待它们能正常生长后，再逐步改变环境，使之逐渐接近我们正常的生活环境。在环境的变化过程中，始终要观察植物的状态，看它们是否在逐渐适应新环境，是否仍旧处在正常的生长状态，植物新生的各个器官是否保持正常的功能。

在实际的栽培过程中，最常碰到的是空气湿度、光照等环境因素的变化问题。如猪笼草原生环境的空气湿度很高，当种植于日常生活环境时，往往笼子不出一个星期就会慢慢枯萎。首先，我们需要为它提供一个高湿度的环境。当它能够在这样的环境下正常生长时，再逐步降低空气湿度，一般可采用加强通风、扩大通风口等方法。降低空气湿度一段时间后，如果植物仍能保持正常生长，可再次降低空气湿度，反复进行数次，直至其适应我们生活环境的湿度。如发现降低空气湿度后生长不良，可再增加空气湿度，减小下次空气湿度的降低幅度，直至达到它能适应的范围。光照变化的案例，如叶插成活的茅膏菜从散射光处移到阳光直射处等，过程也是逐步增加光照度，方法可采用移动法或遮阴法，如从室内窗台位置逐步移至室外阳台阳光直射处，通过调整遮阳网遮光率的方法实现。

Q8. 多久浇一次水？如何浇水？

浇水的次数主要和空气湿度、温度、盆的大小、植株的大小、供水方式等因素有关，定时浇水并不适合植物的生长，应根据植物的需求进行供水，“定时检查，按需供水”更合理。食虫植物有喜湿、喜干之分，如大多数猪笼草盆土微潮即可，要疏松透气，不能积水；陆生狸藻等喜湿，盆土可积水，可将盆泡在水盘中，具体可查阅本书第五章食虫植物的种植。

盆土的湿度情况一般用目测即可，盆土潮湿时，颜色深灰，非常湿或积水时还会有白色水光；盆土较干时，颜色灰暗，无光泽；盆土干透时颜色灰白，盆边有间隙。

当盆土偏干时，须浇水，浇水的方法有喷淋、浇灌、浸水 3 种。

喷淋：即用喷壶等喷湿叶面和盆土，适合做每周植物叶面清洁、猪笼草叶插繁殖时供水等，也可对大多数食虫植物进行日常供水（高温季节怕热、怕湿品种不适用，如茅膏菜、捕虫堇等有黏液的食虫植物，频繁喷淋会将黏液冲走，使分泌黏液的腺体衰亡，导致“露珠”难以形成）。

浇灌：即用水壶等在土表面大量浇水，适合猪笼草、瓶子草等大型食虫植物。

浸水：即把水倒在盆下面的盆垫中，靠虹吸作用使盆土保持湿润。这是一种最方便的浇水方式，一次浇水可维持较长的时间，特别适合喜湿的食虫植物，也最适合茅膏菜、捕虫堇等有黏液的食虫植物。可通过调整盆土的配方，多放粗颗粒、排水透气的介质，适用于喜干的食虫植物。高温季节容易腐烂，怕热、怕湿品种也很适合浸水。根据品种习性，浸水可干湿交替，也可以持续盆浸。

Q9. 食虫植物需要用大盆才能养好吗？

许多新手总喜欢给植物换个很大的盆，以为这样植物才长得好。实际上，盆并不是越大越好，盆越大，空气流通的距离越长，植物根部透气性会变差，需要用更透气的基质才能达到小盆的效果。大盆只能为根部提供更稳定的环境，只要根系没有延伸到盆外或植物非常健康，一般不用换大盆。

Q10. 需要喂食吗？如果没虫子吃会不会饿死？

食虫植物不像普通的花草，其对营养物质的需求量很低，它们虽然演化出了捕虫器官，但并不一定在没有虫子吃时需要喂食。在人工种植条件下，食虫植物专用基质中本身就含有植物生长的必要营养物质，喂食可以增加营养，不喂食也不会饿死。

Q11. 如何给食虫植物喂虫子？

如果种植的环境中也有少量昆虫存在，它们也许能捕捉到。喂食虽不是必需的，却是很多人种植食虫植物的乐趣之一。我们可以给这些奇特的“宠物”喂食小虫或新鲜的高蛋白生肉（各种瘦肉如猪肉、牛肉、鱼肉等，煮熟的蛋白质不易“消化”，不适用于喂食）。一般我们只给趣味性强的捕蝇草喂食，其他食虫植物不建议投喂食物。喂食时需注意不要喂过多过大的食物，要使捕蝇草的夹子能够完全包住食物，且投喂夹子的数量不能超过夹子总数的 1/3，以免消化不良，产生腐败、发臭或捕虫器腐烂坏死，影响卫生和美观。冬季休眠期夹子不会捕虫，请勿喂食。

Q12. 如何给食虫植物施肥？

为避免喂食产生的问题，建议采用施肥的方式为它们提供更多营养。一般用喷灌的方法，在生长季节每 2 周左右用稀释后的叶面肥等喷施植株或灌捕虫器。肥液稀释的浓度是普通植物的 1/5 左右，如产品说明提到一般植物稀释 1 000 倍，用于食虫植物时应稀释 5 000 倍左右。薄肥勤施，切勿浓度过高，以免造成肥伤甚至肥死，没有经验请勿随意施肥。休眠或停长、出现病症时请勿用肥。

Q13. 猪笼草的笼子怎么枯了？

网购收到的猪笼草有可能笼子会枯，或者种几天后笼子枯了，这种情况很多见，运输或环境的变化都会导致类似问题出现。按要求种植，一般新叶会正常结笼。猪笼草的空气湿度控制在 80% ～ 90% 为最佳，湿度过低直接影响笼子的形成。种植猪笼草碰到最多的问题就是笼子枯萎，且新叶的卷须没有发育成笼子就枯萎，这一般都是湿度不够造成的。把猪笼草放在密闭的地方（如玻璃缸里或用塑料袋套起来等），很容易得到一个高湿度的环境（但也须注意：正常情况下湿度不宜长期超过 90%，否则会抑制植株的新陈代谢，并导致菌类大量繁殖，且为了避免温度过高往往会降低光照度，造成植株虚弱，只长叶片不长笼子，成活率下降，容易出现烂芽、烂茎、烂根的现象）。猪笼草也有一定的适应能力，当它正常结笼后，逐渐降低湿度，通过这样的驯化一般可以适应 60% 以上的湿度。

Q14. 猪笼草只长叶片不长笼子?

在新手刚种植猪笼草的时候经常会遇到这个问题。当猪笼草刚到新环境的前两周时间内，老笼子也许会因为环境的变化而枯萎，但如果在之后的很长一段时间内，猪笼草只长叶片，笼子却不见生长的话，多半是因为环境未达到其要求。如果叶片顶端卷须干枯（干瘪状，一般正常卷须呈褐色圆柱形），一般是空气湿度过低引起的。如果叶片顶端卷须未见干枯，但细小且长时间不能膨大，多数是光照不足引起，也有可能是温度不合适（冬季低温和夏季高温）及其他原因。

Q15. 捕蝇草的夹子为什么都合上了？有个夹子怎么枯了（黑了）？夹子怎么不会动?

这是网购捕蝇草的常见问题!

由于包装、运输等因素影响，捕蝇草的夹子受到触动会闭合起来，收到时往往是闭合状态。按要求种下，约 1 周夹子一般会自动重新张开。

活的植物一直处于新陈代谢中，老夹子会枯死，新夹子又会重新长出来，运输过程中也难免会有轻微损伤，收到时有个别夹子枯萎（发黑）也是正常现象，不必担心。在种植过程中，正常的新陈代谢导致夹子枯萎，会从夹子的最顶端开始变黄变黑，直至延伸到叶柄；而出现不正常枯萎现象的个体会由局部斑块状慢慢扩大或由叶柄两侧延伸至整个叶片，一般由真菌感染或基质问题引起，对症救治即可。

捕蝇草经过长途、长时间运输后，植株会比较虚弱，此时夹子可能会暂时失去捕虫能力（不会闭合），经过一两周会慢慢恢复，给它足够强的光照也是关键!

另外，夹子开合也有寿命，一般捕猎三四次后便失去了捕虫能力，不能再闭合。如果捕虫夹闭合没有捕捉到猎物，开合 20 多次后也将失去捕虫能力。但即使捕虫夹没有被使用，几个月后也将随着新陈代谢不断枯萎，被新的夹子所取代。

Q16. 茅膏菜怎么没有黏液?

网购收到的茅膏菜由于包装、运输等原因，茅膏菜腺毛上的“露珠”状黏液一般会被碰掉或消失，在按要求种下后，

经过一周左右才会恢复，也可能等长出新叶时才会重新长出“露珠”。如种植很长时间仍没有黏液，原因很多，需逐一排除，如湿度过低、光照不足、温度不合适、经常往叶片上喷水、使用高浓度肥料、植物处在花期、正要进入休眠期等都会导致没有黏液。

Q17. 冬季如何保温、加温、补光?

冬季，很多新玩家可能会被以下问题困扰:

猪笼草笼子枯了；叶片上出现了褐色斑点、斑块，甚至扩大到整片叶子；叶片自下而上逐渐变黄；北领地、锦地罗等热带茅膏菜露珠没有了；叶片开始变得灰暗，甚至发霉、腐烂……

如果你的植物在冬季出现以上症状，很有可能是得了“冬季综合征”，由低温、光照不足、过干或过湿等引起!

食虫植物遍布在全球各地，不同的气候环境造就了它们不一样的“个性”，不知道在这里的冬天它们过得还好吗?

深秋，夜间最低气温开始低于15℃，大多数食虫植物正以妖艳的红色“欢度”金秋，这是它们除了春季之外最美的季节；也就在这个时候球根茅膏菜、好望角茅膏菜等夏眠的食虫植物开始复苏生长，开启了它们新的生命征程；而热带地区的低地猪笼草、北领地茅膏菜已经冻得“嗷嗷”叫了，急需主人“救助”，需采取保温、加温或补光措施了。

第一波寒流来了，最低气温降至10℃以下，捕蝇草、瓶子草、墨西哥捕虫堇、温带茅膏菜等老叶开始干枯，部分长出了休眠叶，准备过冬；迷你茅膏菜也开始长出了冬芽；此时猪笼草、北领地等热带茅膏菜都应在暖房里加温了，否则就离“天堂”不远了。

冷空气继续加强，最低气温降至5℃以下，此时如室外还有食虫植物，都应移入室内向阳处。室内稍高的温度使热带高地茅膏菜、雨林茅膏菜、温带冬长型茅膏菜（好望角茅膏菜等）、迷你茅膏菜、球根茅膏菜、附生狸藻、太阳瓶子草、眼镜蛇瓶子草、土瓶草等喜凉植物继续缓慢生长，其他大部分冬眠型食虫植物已经停止生长进入休眠状态；如最低气温不低于-5℃，捕蝇草、瓶子草也可放在室外过冬；猪笼草、北领地茅膏菜等正在加温的食虫植物，此时在保证它们最低生存温度的同时，需要适当补光，补光可以促进光合作用，也有加温、降湿的作用，可减少冬季病害的发生。

冬季为保证部分食虫植物最低生存温度的要求，必须对这些食虫植物进行保温或加温，有条件可加温至生长适宜温度，与此同时兼顾对空气湿度、光照的要求。

冻伤

保温

套袋

深秋、初冬时期，或春季倒春寒，气温短时间低于植物的最低生存温度（如只在夜间或只有一两天低于最低生存温度），可在低温来临前采取临时保温措施，如将植物从室外移入室内温暖的房间或密闭的花房，给植物加套塑料袋或一次性透明杯，将植物装入保温箱（泡沫箱、整理箱、纸板箱、密闭玻璃缸等）等。

加温

加温的方式有很多，一般使用电器加热，如加热棒、加热垫、加热线、灯具、暖风机、植物培养箱、空调等，需要配合保温措施来使用。电器加热供热持久，如配合温控装置能实现温度自动控制，但安装较为复杂，需要有一定的电器知识及 DIY 能力，且需注意用电安全。

1. 灯具加温

台灯

优点: 可以用家里现有的器材，也容易采购; 在加温的同时可以补充光照 (冬季光照弱且时间短，室内种植时光照更弱，冬季补光很有必要); 如空气湿度过高，灯照后能有效降低湿度。

缺点：灯具发热量不一定能满足植物对温度的要求；灯具距离植物过近容易将植物叶片烤干；夜间使用可能会导致植物生理混乱或给家人的生活带来影响。

● **日光灯** 日光灯是应用最广的照明灯具，建议选购品牌的三基色灯管，价格不贵，植物发色自然、健康，有更多预算也可选购植物专用生长灯。在安装日光灯时，既要考虑光照度，又要防止叶片被烤干，建议灯管距植物 20 厘米左右，也可以根据植物生长情况调整高度和灯管数量。

● **台灯** 功能小，一般只能给少数植物加温补光。普通台灯效果差，也可选用专用的植物台灯。

● **金属卤素灯** 聚光性好，发热量也较大，光质对植物效果不错，适用于北领地茅膏菜的补光与加热。为防止烤伤植物，也可在植物上加套透明塑料袋或一次性透明杯，根据灯的功率，安装高度建议距植物 20 ～ 100 厘米。

金属卤素灯

加热棒加温

● **LED 灯** 普通家庭照明用的 LED 灯照植物效果不好，只适合临时使用。也可选用植物专用 LED 灯，一般分红蓝光和全光谱，红蓝光节能，但颜色刺眼，一般推荐全光谱植物生长灯，植物发色较好，颜色正常，安装高度可根据厂家推荐，一般距植物 20 ～ 50 厘米。但 LED 灯发热量较小，加温作用不大。

2. 电热器加温

● **加热棒** 加热棒常用于水族加热，价格便宜且一般带有温控装置，但必须放在水里，具有加温加湿的作用，可放置在简易花房或保温箱的下层水域，与灯具补光配合使用效果佳。需注意加热棒控制的是水温，而非空间的温度，要经过多次调整使之达到需要的温度。加热棒的水域高度至少要达到 10 厘米，当水量减少时要及时补水，以防烧干发生危险。

● **加热线** 加热线可布置在较大范围，加温相对均匀，但布线比较烦琐。适用于较大的温室或简易花房加温，温室布线一般要在建造时预埋好，简易花房可绕在下层的隔板上，上层可少绕或不绕，利用空气的对流使整个空间温度均匀（不适合绕在花房四壁，因薄膜的保温效果较差，会损失掉大量热能）。

● **家用取暖器** 家用取暖器如油汀电暖器、暖风机、石英管取暖器、电热膜取暖器等，一般功率较大，适合较大的温室加温。

● **加热垫** 一般用于爬行宠物的加温，但一般功率较低，且不防水，只能用于小型保温箱的加温。

3. 其他

对于一些资深玩家，为种植一些极具挑战性的稀有植物，功能单一的设备已不能满足，他们需要的是“气候室”，可以随意调节温度、昼夜温差、光照、湿度等，市场上有植物培养箱成品，但空间小，价格贵，一般会用冷柜、酒柜等进行改装。或用保温材料搭建花房，甚至直接将房间改造成花房，安装专用空调，加装 LED 植物生长灯、高压喷雾、风扇等设备。通过各种定时、温湿度、光照等控制设备来调控环境，使之能够种植像高地猪笼草、太阳瓶子草、眼镜蛇瓶子草、附生狸藻等稀有植物。

改装冷柜

注意事项

● 使用电力等能源时一定注意安全，要了解一定的热传导、电气等知识，还要有动手能力，能预知其中的危险并加以防范，安全第一！未成年人请勿单独操作，避免发生意外。

● 用电器加温要注意防水。因植物有可能比较潮湿或有可能给植物浇水，一定要防止因水漏电或短路，电源一定要装有漏电保护装置，尽可能使用防水的电器或用一般不会碰到水的电器加温。

● 电器有可能会出现故障，造成漏电、短路、不能加温或温度过高，会引发火灾、植物冻死、植物热死等事故！

● 加热的温度必须高于植物所能承受的最低温度，加热到生长适宜温度最佳，因此务必了解不同品种植物的习性，特别是它们对温度的要求。

● 加热是要耗费能源的，要考虑自身的承受能力，量力而行。也要考虑家人的意见，最好获得家人的理解与支持，让大家接受你的新“宠物”，毕竟大家好才是真的好，希望这些可爱的小精灵能给全家带去惊喜与快乐！

●因植物的抗冻能力与植株个体有很大关系，植株健壮，光照等其他环境因素良好，能提高植株的抗冻能力，反之抗冻能力就下降。另外，低温持续的时间考验着植物的耐受能力，低温持续时间越长，越有可能被冻伤。所以，为保证植物能够安全过冬，加温的最低温度最好高于植物的最低生存温度 5℃以上！

Q18. 找不到种植资料，应该如何种植它？

一般应从植物的原生地入手，了解它的原生环境，如原生地照片、地理位置、气候带（热带、亚热带、温带等）、气候类型（季风气候、地中海气候、海洋性气候、热带雨林气候等）、全年温度情况（最高温度、最低温度、平均温度、昼夜温差）、海拔高度（海拔高度每上升 1 000 米，气温会下降 6℃）、地形地貌、伴生植被、土壤成分结构等。在实际种植时模仿原生地环境，不断测试，评估植物生长情况，不断修正，最后得出植物所需的理想环境。

索引

D …

Dionaea muscipula ‘Adentate’ 圆齿捕蝇草 ………………… 153
Dionaea muscipula ‘Akai Ryu’ /*D.muscipula* ‘Red Dragon’ 红龙捕蝇草 ………………… 171
Dionaea muscipula ‘Alien’ 异形捕蝇草………………… 151
Dionaea muscipula ‘All Green’ 全绿捕蝇草………………… 152
Dionaea muscipula ‘All Red’ 全红捕蝇草………………… 152
Dionaea muscipula ‘Anglewings’ 天使之翼捕蝇草……… 153
Dionaea muscipula ‘B52’ B52捕蝇草 ………………… 154
Dionaea muscipula ‘Bohemian Garnet’ / *D. muscipula* ‘Red Sawtooth’红锯齿捕蝇草 ………………… 154
Dionaea muscipula ‘Bristle Tooth’ 怒齿捕蝇草 ………… 155
Dionaea muscipula ‘Burbank’ s Best’ 宝贝捕蝇草……… 155
Dionaea muscipula ‘CCP Dumpling’ 饺子捕蝇草 ……… 156
Dionaea muscipula ‘Clayton’ s Red Sunset’ 红色日落捕蝇草………………… 156
Dionaea muscipula ‘Cluster trap’ 集群陷阱捕蝇草 …… 157
Dionaea muscipula ‘Coquillage’ 贝壳捕蝇草 …………… 157
Dionaea muscipula ‘Crested Petioles’ 浪柄捕蝇草 …… 157
Dionaea muscipula ‘Cross Teeth’ 十字牙捕蝇草………… 158
Dionaea muscipula ‘Cudo’ 威龙捕蝇草………………… 158
Dionaea muscipula ‘Cupped Trap’ / *D.muscipula* ‘Cup Trap’ 杯夹捕蝇草 ………………… 159
Dionaea muscipula ‘Dentate Traps’ / *D.muscipula* ‘Dente’ / *D.muscipula* ‘Dentate’ 齿状捕蝇草 ………………… 159
Dionaea muscipula ‘Dracula’ 德库拉捕蝇草 …………… 160
Dionaea muscipula ‘Fang’ 尖牙捕蝇草 ………………… 160
Dionaea muscipula ‘Fine Tooth and Red’ 美人齿捕蝇草 161
Dionaea muscipula ‘Fire Mouth’ 火嘴捕蝇草 …………… 162
Dionaea muscipula ‘Funnel Trap’ 漏斗捕蝇草 ………… 161
Dionaea muscipula ‘Fused Tooth’ 融齿捕蝇草 ………… 162
Dionaea muscipula ‘ G16’ /*D.muscipula* ‘Slack’ s Giant’ / *D.muscipula* ‘South West Giant’ G16捕蝇草 ………… 163
Dionaea muscipula ‘Giant Traps’ 巨夹捕蝇草…………… 163
Dionaea muscipula ‘Green Piranha’ 绿色食人鱼捕蝇草 164
Dionaea muscipula ‘Green Wizard’ 绿巫师捕蝇草……… 164
Dionaea muscipula ‘Harmony’ 和谐捕蝇草 …………… 165
Dionaea muscipula ‘Jaws’ 大白鲨捕蝇草 …………… 166
Dionaea muscipula ‘Jaws Smiley’ 奸笑捕蝇草 ………… 165
Dionaea muscipula ‘Killer’ 杀手捕蝇草 ………………… 166
Dionaea muscipula ‘Korean Melody Shark’ 旋律鲨鱼捕蝇草 ………………… 167
Dionaea muscipula ‘Korrigans’ 科里根捕蝇草 ………… 167
Dionaea muscipula ‘Long Petiole’ 长柄捕蝇草 ………… 167
Dionaea muscipula ‘Louchapates’ 汤勺捕蝇草 ………… 168
Dionaea muscipula ‘Low Giant’ 矮巨人捕蝇草 ………… 169
Dionaea muscipula ‘Microdents’ 短齿捕蝇草………… 170
Dionaea muscipula ‘Mirror’ 镜像捕蝇草 ………………… 169
Dionaea muscipula ‘Monkey Ass’ 猴屁股捕蝇草 ……… 169
Dionaea muscipula ‘Rabbit Teeth’ 兔齿捕蝇草 ……… 170
Dionaea muscipula ‘Red Piranha’ 食人鱼捕蝇草……… 172
Dionaea muscipula ‘Roaring Flame’ 烈焰捕蝇草 ……… 171
Dionaea muscipula ‘Royal Red’ 皇家红捕蝇草 ………… 173
Dionaea muscipula ‘Ruby Red’ 宝石红捕蝇草………… 174
Dionaea muscipula ‘Spider’ 蜘蛛捕蝇草 ………………… 174
Dionaea muscipula ‘Triton’ 海神捕蝇草 ………………… 176
Dionaea muscipula ‘Variegated Traps’ 斑锦捕蝇草 …… 175
Dionaea muscipula ‘Wacky Traps’ 怪异男爵捕蝇草 …… 176
Dionaea muscipula ‘Werewolf ’ 狼人捕蝇草 ………… 177
Dionaea muscipula ‘Yellow Fused Tooth’ 黄色融齿捕蝇草 ………………… 177
*Drosera adelae*阿帝露茅膏菜 ………………… 190
Drosera adelae ‘Giant’ 阿帝露茅膏菜(巨大) …………… 191
*Drosera admirabilis*奇异茅膏菜 ………………… 200
*Drosera affinis*阿飞尼丝茅膏菜 ………………… 178
*Drosera aliciae*爱丽丝茅膏菜 ………………… 201
*Drosera allantostigma*晓美茅膏菜 ………………… 216
*Drosera arcturi*亚瑟茅膏菜 ………………… 201
*Drosera australis*南极光茅膏菜 ………………… 216
*Drosera barbigera*胡须迷你茅 ………………… 217
*Drosera binata*叉叶茅膏菜 ………………… 202
Drosera binata ‘T Form’ 叉叶茅膏菜(二叉) …………… 202
Drosera binata var. *multiffda*叉叶茅膏菜(多叉) ……… 203
Drosera binata var. *dichotoma* ‘Giant Type’ 叉叶茅膏菜(巨型四叉) ………………… 203
*Drosera broomensis*布鲁姆茅膏菜 ………………… 194
*Drosera burmannii*锦地罗茅膏菜 ………………… 180
*Drosera caduca*变叶茅膏菜 ………………… 194
*Drosera callistos*卡洛斯茅膏菜 ………………… 217
*Drosera capensis*好望角茅膏菜 ………………… 204
*Drosera capillaris*绒毛茅膏菜 ………………… 206
*Drosera cistiflora*岩蔷薇茅膏菜 ………………… 206
*Drosera closterostigma*长柱迷你茅膏菜 ………………… 218
*Drosera collina*科里纳茅膏菜 ………………… 230
*Drosera darwinensis*达尔文茅膏菜………………… 195

*Drosera derbyensis*珊瑚茅膏菜 195
*Drosera dielsiana*狄尔斯茅膏菜 179
*Drosera dilatatopetiolaris*绿孔雀茅膏菜 196
*Drosera echinoblastus*刺托迷你茅 218
*Drosera eneabba*埃尼亚巴茅膏菜 218
*Drosera enodes*无节茅膏菜 219
*Drosera falconeri*大肉饼茅膏菜 197
*Drosera felix*幸福茅膏菜 179
Drosera filiformis 丝叶茅膏菜 207
*Drosera fulva*黄孔雀茅膏菜 197
*Drosera gibsonii*吉布森茅膏菜 219
*Drosera gigantea*巨大茅膏菜 231
*Drosera graminifolia*草叶茅膏菜 187
*Drosera graomogolensis*格拉莫哥茅膏菜 182
*Drosera grievei*格里夫茅膏菜 219
*Drosera hamiltonii*汉米尔顿茅膏菜 209
*Drosera hilaris*喜悦茅膏菜 209
*Drosera hookeri*虎克茅膏菜 231
*Drosera indica*长叶茅膏菜 182
Drosera intermedia ‘Temperate’ 长柄茅膏菜（温带）… 210
Drosera intermedia ‘Tropical’ 长柄茅膏菜（热带） 183
*Drosera kenneallyi*小肉饼茅膏菜 199
*Drosera lasiantha*毛毛茅膏菜 220
*Drosera latifolia*阔叶茅膏菜 187
*Drosera leioblastus*光芽茅膏菜 220
*Drosera leucoblasta*白托茅膏菜 220
*Drosera macrophylla*大叶茅膏菜 232
*Drosera madagascariensis*马达加斯加茅膏菜 183
*Drosera magna*硕大茅膏菜 232
*Drosera major*马约尔茅膏菜 232
*Drosera mannii*曼尼茅膏菜 221
*Drosera menziesii*曼西茅膏菜 233
*Drosera microscapa*纤细茅膏菜 221
*Drosera miniata*迷你茅膏菜 221
*Drosera montana*山地茅膏菜 188
Drosera natalensis / *D.venusta* / *D.coccicaulis*
纳塔尔茅膏菜 184
*Drosera neocaledonica*纽喀里多尼亚茅膏菜 188
*Drosera nidiformis*巢型茅膏菜 210
*Drosera oblanceolata*长柱茅膏菜 184
*Drosera ordensis*银匙茅膏菜 198
*Drosera oreopodion*山下茅膏菜 222
*Drosera paradoxa*孔雀茅膏菜 199
*Drosera patens*金碟茅膏菜 222
*Drosera platystigma*平柱茅膏菜 223
*Drosera prolifera*爱心茅膏菜 191
*Drosera pulchella*美丽茅膏菜 223
*Drosera pygmaea*小茅膏菜 224
*Drosera ramentacea*雷曼茅膏菜 211
*Drosera regia*帝王茅膏菜 211
*Drosera roseana*玫瑰茅膏菜 224
*Drosera rosulata*莲座球根茅膏菜 233
*Drosera rupicola*岩生茅膏菜 233
*Drosera sargentii*小莎茅膏菜 225
*Drosera schizandra*叉蕊茅膏菜 192
*Drosera scorpioides*蝎子茅膏菜 225
*Drosera slackii*斯氏茅膏菜 212
*Drosera spatulata*勺叶茅膏菜 185
Drosera spatulata var. *lovellae* / *Drosera lovellae*
洛弗丽茅膏菜 186
*Drosera spilos*斑花茅膏菜 226
*Drosera spiralis*螺旋茅膏菜 189
*Drosera squamosa*鳞状茅膏菜 234
*Drosera stelliflora*星花茅膏菜 226
*Drosera zonaria*环状茅膏菜 234
Drosera tomentosa var. *glabrata*无毛茅膏菜 189
*Drosera trinervia*三脉茅膏菜 212
*Drosera verrucata*瓦鲁卡塔茅膏菜 227
*Drosera walyunga*瓦永嘉茅膏菜 227
*Drosera stolonifera*匍匐茅膏菜 234
Drosera×*badgerupii* / *D.*× ‘Lake Badgerup’ / *D.*
×(*patens*×*occidentalis*)月亮湖茅膏菜 228
Drosera×*belezeana* / *D.*×(*intermedia*×*rotundifolia*)/
D. ×*eloisiana*贝莉茅膏菜 213
Drosera×*hybrida* / *D.* ×(*filiformis*×*intermedia*)
哈勃瑞迪茅膏菜 214
Drosera×*sidjamesii* / *D.* ×(*patens*×*pulchella*)
詹姆斯茅膏菜 229
Drosera×(*capillaris*×*spatulata* var. *lovellae*)
酒红茅膏菜 186
Drosera×(*nitidula*×*pulchella*)金丝绒茅膏菜 229

H …

*Heliamphora chimantensis*驰曼塔山太阳瓶子草 266
*Heliamphora ciliata*纤毛太阳瓶子草 266
*Heliamphora folliculata*小囊太阳瓶子草 267
*Heliamphora ionasii*艾俄那太阳瓶子草 267
*Heliamphora minor*小太阳瓶子草 268
Heliamphora minor var. *pilosa*小太阳瓶子草（披毛）… 268
Heliamphora minor ‘Burgundy Black’
小太阳瓶子草（勃艮第黑） 269
*Heliamphora neblinae*内布利纳山太阳瓶子草 269
*Heliamphora nutans*垂花太阳瓶子草 270

*Heliamphora parva*帕瓦太阳瓶子草 ························ 270
*Heliamphora pulchella*美丽太阳瓶子草 ···················· 271
*Heliamphora sarracenioides*似瓶太阳瓶子草 ·············· 271
*Heliamphora tatei*泰特太阳瓶子草 ························ 272
Heliamphora×(*heterodoxa*×*minor*)
另解 × 小太阳瓶子草 ·· 272

N ···

*Nepenthes alata*翼状猪笼草 ···································· 58
*Nepenthes alba*阿尔巴猪笼草 ·································· 58
*Nepenthes albomarginata*白环猪笼草 ······················· 59
*Nepenthes ampullaria*苹果猪笼草 ·························· 60
*Nepenthes aristolochioides*马兜铃猪笼草 ················· 63
*Nepenthes baramensis*巴兰猪笼草·························· 63
*Nepenthes bellii*贝里猪笼草 ································· 64
*Nepenthes bicalcarata*二齿猪笼草 ························· 64
*Nepenthes burbidgeae*斑豹猪笼草 ························· 66
*Nepenthes burkei*布凯猪笼草 ································ 66
*Nepenthes campanulata*风铃猪笼草 ························ 67
Nepenthes campanulata ×[(*lowii*× *veitchii*) × *boschiana*]
风铃 ×[(劳氏 × 维奇) × 博世] 猪笼草 ··················· 108
*Nepenthes chaniana*陈氏猪笼草 ····························· 67
*Nepenthes clipeata*圆盾猪笼草 ······························ 68
*Nepenthes diatas*上位猪笼草 ································ 68
*Nepenthes dubia*疑惑猪笼草 ································· 69
*Nepenthes edwardsiana*爱德华猪笼草 ······················ 69
*Nepenthes ephippiata*鞍型猪笼草 ·························· 70
*Nepenthes eymae*艾玛猪笼草 ································ 70
*Nepenthes fava*杏黄猪笼草 ·································· 71
*Nepenthes fusca*暗色猪笼草·································· 71
*Nepenthes glabrata*无毛猪笼草 ····························· 72
*Nepenthes glandulifera*有腺猪笼草 ························ 72
*Nepenthes gracilis*小猪笼草·································· 74
*Nepenthes hamata*钩唇猪笼草 ······························ 73
*Nepenthes hirsuta*刚毛猪笼草 ······························ 74
*Nepenthes inermis*无刺猪笼草 ······························ 74
*Nepenthes izumiae*泉氏猪笼草 ······························ 75
*Nepenthes jacquelineae*贾桂琳猪笼草 ····················· 75
*Nepenthes jamban*马桶猪笼草 ······························· 76
*Nepenthes khasiana*印度猪笼草 ····························· 76
*Nepenthes longifolia*长叶猪笼草 ··························· 77
*Nepenthes lowii*劳氏猪笼草 ································· 78
*Nepenthes macfarlanei*麦克法兰猪笼草 ··················· 77
*Nepenthes macrophylla*大叶猪笼草 ························ 79
*Nepenthes madagascariensis*马达加斯加猪笼草············· 79
*Nepenthes maxima*大猪笼草 ································· 80
*Nepenthes merrilliana*美琳猪笼草·························· 81
*Nepenthes mirabilis*奇异猪笼草 ···························· 82
Nepenthes mirabilis var. *echinostoma* 'Purple'
奇异猪笼草（紫色飞碟唇）·································· 83
Nepenthes mirabilis var. *globosa*海盗猪笼草 ·············· 84
*Nepenthes mira*惊奇猪笼草 ·································· 81
*Nepenthes nebularum*云雾猪笼草 ·························· 84
*Nepenthes northiana*诺斯猪笼草 ··························· 85
*Nepenthes ovata*卵形猪笼草································· 86
*Nepenthes palawanensis*巴拉望猪笼草······················ 86
*Nepenthes peltata*盾叶猪笼草 ······························ 87
*Nepenthes pervillei*伯威尔猪笼草 ·························· 87
*Nepenthes petiolata*有柄猪笼草 ···························· 88
Nepenthes platychila 圣杯猪笼草 ·························· 88
*Nepenthes rafflesiana*莱佛士猪笼草 ······················· 89
*Nepenthes rajah*王侯猪笼草································· 91
*Nepenthes ramispina*岔刺猪笼草 ·························· 92
*Nepenthes reinwardtiana*两眼猪笼草 ······················ 92
*Nepenthes robcantleyi*罗伯坎特利猪笼草··················· 93
*Nepenthes sanguinea*血红猪笼草 ·························· 94
*Nepenthes sibuyanensis*辛布亚猪笼草 ····················· 94
*Nepenthes singalana*欣佳浪山猪笼草 ······················ 95
*Nepenthes smilesii*斯迈尔斯猪笼草 ······················· 95
*Nepenthes spathulata*匙叶猪笼草 ························· 96
*Nepenthes spectabilis*显目猪笼草 ························· 96
*Nepenthes stenophylla*窄叶猪笼草·························· 97
*Nepenthes talangensis*塔蓝山猪笼草 ······················ 97
*Nepenthes tenuis*细猪笼草 ·································· 98
*Nepenthes thai*泰国猪笼草 ·································· 98
*Nepenthes treubiana*特勒布猪笼草 ························ 99
*Nepenthes truncata*宝特瓶猪笼草 ························· 102
*Nepenthes undulatifolia*波叶猪笼草 ······················· 99
*Nepenthes veitchii*维奇猪笼草······························ 100
*Nepenthes ventricosa*葫芦猪笼草 ························· 103
*Nepenthes vieillardii*维耶亚猪笼草 ······················· 104
*Nepenthes vogelii*佛氏猪笼草 ····························· 104
Nepenthes× *coccinea*/*N.*×(*rafflesiana*×*ampullaria*) ×
*mirabilis*绯红猪笼草 ·· 112
Nepenthes×*bauensis* / *N.*×（*gracilis*×*northiana*）
巴乌猪笼草 ··· 106
Nepenthes×*dyeriana* / *N.* ×[(*northiana*× *maxima*)
×(*rafflesiana* × *veitchii*)]黛瑞安娜猪笼草················ 114
Nepenthes×*gentle* / *N.*×(*fusca*×*maxima*)绅士猪笼草··· 116
Nepenthes×*hookeriana*虎克猪笼草 ······················· 119
Nepenthes× *kuchingensis* / *N.*×(*ampullaria*×*mirabilis*)

古普猪笼草 …… 121
Nepenthes× *miranda* / *N.*×[(*maxima*×*northiana*)×*maxima*]
米兰达猪笼草 …… 126
Nepenthes×*trusmadiensis* / *N.*×(*lowii*×*macrophylla*)
特鲁斯马迪山猪笼草 …… 136
Nepenthes×*veitchii*×(*spectabilis*×*mira*)
维奇 ×(显目 × 惊奇) 猪笼草 …… 142
Nepenthes×ventrata / N. ×(*ventricosa*×*alata*)
红瓶猪笼草 …… 143
Nepenthes ×(*aristolochioides* × *mira*)
马兜铃 × 惊奇猪笼草 …… 105
Nepenthes×(*burbidgeae*×*campanulata*)
斑豹 × 风铃猪笼草 …… 107
Nepenthes×(*burbidgeae*×*platychila*)
斑豹 × 圣杯猪笼草 …… 107
Nepenthes ×(*campanulata* ×*chaniana*)
风铃 × 陈氏猪笼草 …… 108
Nepenthes ×(*campanulata* × *robcantleyi*)
风铃 × 罗伯坎特利猪笼草 …… 109
Nepenthes ×(*campanulata* × *ventricosa*)
风铃 × 葫芦猪笼草 …… 110
Nepenthes×(*campanulata*×*ventricosa* 'Red')
风铃 × 红葫芦猪笼草 …… 109
Nepenthes×(*chaniana*×*boschiana*)
陈氏 × 博世猪笼草 …… 110
Nepenthes ×(*chaniana* × *veitchii*)
陈氏 × 维奇猪笼草 …… 111
Nepenthes×(*densiflora*×*talangensis*)
密花 × 塔蓝山猪笼草 …… 113
Nepenthes×(*densiflora*×*ventricosa*)
密花 × 葫芦猪笼草 …… 113
Nepenthes×(*glandulifera*×*boschiana*)
有腺 × 博世猪笼草 …… 117
Nepenthes×(*hamata*×*platychila*)钩唇 × 圣杯猪笼草 … 118
Nepenthes×(*lowi*×*boschiana*)劳氏 × 博世猪笼草 …… 120
Nepenthes×(*lowii*× *campanulata*)
劳氏 × 风铃猪笼草 …… 121
Nepenthes×(*lowii*×*spectabilis*)劳氏 × 显目猪笼草…… 123
Nepenthes ×(*lowii*×*ventricosa*)劳氏 × 葫芦猪笼草…… 123
Nepenthes × (*mirabilis* var. *globosa*×*ampullaria* 'Red')
海盗 × 红苹果猪笼草 …… 124
Nepenthes ×(*mirabilis* var. *globosa*× *khasiana*)
海盗 × 印度猪笼草 …… 124
Nepenthes ×(*mirabilis* var. *globosa*×*miranda*)
海盗 × 米兰达猪笼草 …… 125
Nepenthes×(*rafflesiana*×*sibuyanensis*)
莱佛士 × 辛布亚猪笼草 …… 126
Nepenthes×(*robcantleyi*×*veitchii*)
罗伯坎特利 × 维奇猪笼草 …… 127
Nepenthes×(*sibuyanensis*×*spectabilis*)
辛布亚 × 显目猪笼草 …… 128
Nepenthes×(*sibuyanensis*×*ventricosa*)
辛布亚 × 葫芦猪笼草 …… 128
Nepenthes×(*singalana*×*hamata*)
欣佳浪山 ×钩唇猪笼草 …… 129
Nepenthes×(*singalana*×*mira*)
欣佳浪山 × 惊奇猪笼草 …… 129
Nepenthes×(*spathulata*×*boschiana*)
匙叶 × 博世猪笼草 …… 130
Nepenthes×(*spathulata*×*campanulata*)
匙叶 × 风铃猪笼草 …… 131
Nepenthes×(*spathulata*×*diatas*)匙叶 × 上位猪笼草 … 131
Nepenthes×(*spathulata*×*glandulifera*)
匙叶 × 有腺猪笼草 …… 132
Nepenthes×(*spathulata*×*jacquelineae*)
匙叶 × 贾桂琳猪笼草 …… 132
Nepenthes×(*spathulata*×*ovata*)匙叶 × 卵形猪笼草…… 133
Nepenthes×(*spathulata*×*robcantleyi*)
匙叶 × 罗伯坎特利猪笼草 …… 133
Nepenthes×(*spectabilis*× *aristolochiodes*)
显目 × 马兜铃猪笼草 …… 134
Nepenthes×(*spectabilis*×*mira*)显目 × 惊奇猪笼草 …… 135
Nepenthes×(*spectabilis*×*talangensis*)
显目 × 塔蓝山猪笼草 …… 135
Nepenthes×(*truncata*×*ephippiata*)
宝特 × 鞍型猪笼草 …… 136
Nepenthes×(*veitchii*×*boschiana*)维奇 × 博世猪笼草 … 137
Nepenthes×(*veitchii*×*hurrelliana*)
维奇 × 胡瑞尔猪笼草 …… 138
Nepenthes×(*veitchii*×*miranda*)
维奇 × 米兰达猪笼草 …… 140
Nepenthes×(*veitchii*×*platychila*)维奇 × 圣杯猪笼草 … 138
Nepenthes×(*ventricosa*×*aristolochioides*)
葫芦 × 马兜铃猪笼草 …… 144
Nepenthes×(*ventricosa*×*boschiana*)
葫芦 × 博世猪笼草 …… 144
Nepenthes×(*ventricosa*×*hirsuta*)葫芦 × 刚毛猪笼草 … 145
Nepenthes×(*ventricosa*×*mapuluensis*)
葫芦 × 马普鲁山猪笼草 …… 146
Nepenthes×(*ventricosa*×*mirabilis* var. *globosa*)
葫芦 × 海盗猪笼草 …… 146
Nepenthes×(*ventricosa*×*northiana*)

葫芦 × 诺斯猪笼草 ………………………………… 146
Nepenthes×(ventricosa×rafflesiana)
葫芦 × 莱佛士猪笼草 ……………………………… 147
Nepenthes×(ventricosa×robcantleyi)
葫芦 × 罗伯坎特利猪笼草 ………………………… 148
Nepenthes×(ventricosa×singalana)
葫芦 × 欣佳浪山猪笼草 …………………………… 148
Nepenthes×(ventricosa×spectabilis)
葫芦 × 显目猪笼草 ………………………………… 150
Nepenthes×(ventricosa×talangensis)
葫芦 × 塔蓝山猪笼草 ……………………………… 150
Nepenthes×（ventricosa 'Cream' ×jamban）
奶油瓶 × 马桶猪笼草 ……………………………… 145
Nepenthes×（ventricosa 'Red' ×bongso var. robusta）
红葫芦 × 罗布斯塔猪笼草 ………………………… 144
Nepenthes×(ventricosa× 'Lady Pauline') / N. ×[ventricosa×(talangensis×maxima)]葫芦 × 宝琳猪笼草 ……… 145
Nepenthes ×[chaniana ×(lowii×boschiana)]
陈氏 ×（劳氏 × 博世）猪笼草 …………………… 111
Nepenthes ×[clipeata ×(clipeata × eymae)]
圆盾 ×（圆盾 × 艾玛）猪笼草 …………………… 111
Nepenthes×[lowii×(veitchii×boschiana)]
（劳氏 × 维奇）× 博世猪笼草 …………………… 122
Nepenthes×[veitchii×(lowii× boschiana)]
维奇 ×(劳氏 × 博世) 猪笼草 …………………… 139
Nepenthes×[veitchii×(lowii×campanulata)]
维奇 ×(劳氏 × 风铃) 猪笼草 …………………… 142
Nepenthes×[(glandulifera×boschiana) ×(lowii×boschiana)
(有腺 × 博世) ×(劳氏 × 博世) 猪笼草 ……… 118
Nepenthes×[(spathulata×spectabilis)×(chaniana×veitchii)]（匙叶 × 显目) ×(陈氏 × 维奇) 猪笼草 …… 134
Nepenthes×[(spectabilis×mira)×boschiana]
(显目 × 惊奇) × 博世猪笼草 ……………………… 135
Nepenthes ×[(spectabilis×ventricosa) ×aristolochiodes]
(显目 × 葫芦) × 马兜铃猪笼草 ………………… 136
Nepenthes ×[(veitchii×boschiana) × miranda]
(维奇 × 博世) × 米兰达猪笼草 ………………… 137
Nepenthes×[(ventricosa×northiana) ×(veitchii×boschiana)]
(葫芦×诺斯)×(维奇×博世) 猪笼草 …………… 147
Nepenthes×[(ventricosa×sibuyanensis) ×merrilliana]
葫芦 × 辛布亚 × 美琳猪笼草 …………………… 149
Nepenthes× 'Bloody Mary' /N. × 'Lady Luck' /N. ×(ampullaria ×ventricosa)
红宝石猪笼草（血腥玛丽猪笼草） ……………… 106
Nepenthes× 'Gaya' / N. ×[khasiana× (ventricosa×maxima)]盖亚猪笼草 ……………………………… 116
Nepenthes× 'Rebecca Soper' / N. ×(gracillima×ventricosa)
红灯猪笼草 ……………………………………… 127
Nepenthes×('Gentle' ×maxima) / N. ×[(fusca×maxima)×maxima]红斑猪笼草 ………………………… 117

P …

Pinguicula agnata纯真捕虫堇 ……………………… 273
Pinguicula cyclosecta圆切捕虫堇 ………………… 274
Pinguicula ehlersiae爱兰捕虫堇 ………………… 274
Pinguicula emarginata凹瓣捕虫堇 ……………… 275
Pinguicula esseriana爱丝捕虫堇 ………………… 276
Pinguicula gigantea巨大捕虫堇 ………………… 275
Pinguicula gypsicola石灰岩捕虫堇 ……………… 277
Pinguicula heterophylla异叶捕虫堇 ……………… 278
Pinguicula ibarrae立伯瑞捕虫堇 ………………… 278
Pinguicula immaculata圣母捕虫堇 ……………… 279
Pinguicula kondoi近藤捕虫堇 …………………… 280
Pinguicula laueana劳厄捕虫堇 …………………… 281
Pinguicula moctezumae墨克提马捕虫堇 ………… 281
Pinguicula moranensis墨兰捕虫堇 ……………… 281
Pinguicula primuliflora樱叶捕虫堇 ……………… 291
Pinguicula primuliflora 'Rose' 樱叶捕虫堇（重瓣） …… 292
Pinguicula reticulata网纹捕虫堇 ………………… 282
Pinguicula rotundiflora圆花捕虫堇 ……………… 282
Pinguicula×(agnata×potosiensis)苹果捕虫堇 ………… 283
Pinguicula×(ehlersiae×immaculata)爱圣捕虫堇……… 285
Pinguicula× （esseriana× 'Weser')爱威捕虫堇 ……… 286
Pinguicula×(gracilis×moctezumae)纤墨捕虫堇 ……… 287
Pinguicula×(gracilis × 'Sethos')纤赛捕虫堇………… 287
Pinguicula× （gypsicola×agnata）鱿鱼须捕虫堇……… 288
Pinguicula×(heterophylla×medusina) ×gigantea
章鱼捕虫堇 ……………………………………… 288
Pinguicula×[(agnata×potosiensis) ×cyclosecta]
果圆捕虫堇 ……………………………………… 283
Pinguicula× 'Aphrodite' / P. ×(agnata× moctezumae)
阿芙罗狄蒂捕虫堇 ………………………………… 284
Pinguicula× 'Crystal' / P. ×(immaculata×agnata)
水晶捕虫堇 ……………………………………… 284
Pinguicula× 'El Mirador' 米拉多捕虫堇 …………… 285
Pinguicula× 'Florian' / P. ×(debbertiana×jaumavensis)
弗洛里捕虫堇 ……………………………………… 286
Pinguicula × 'Marciano' 马尔恰诺捕虫堇 ………… 289
Pinguicula× 'Sethos' / P. ×(ehlersiae×moranensis)
赛佛士捕虫堇 ……………………………………… 289
Pinguicula × ' Weser' / P. ×(moranensis×ehlersiae)

威悉捕虫堇 …… 290

S …

Sarracenia alabamensis ssp. *wherryi*惠里瓶子草 …… 237
*Sarracenia alabamensis*阿拉巴马瓶子草 …… 237
*Sarracenia alata*翼状瓶子草 …… 236
Sarracenia alata var. *rubrioperculata* 翼状瓶子草（红喉） …… 236
*Sarracenia fava*黄瓶子草 …… 238
Sarracenia fava var. *atropurpurea*黄瓶子草（全红） …… 238
Sarracenia fava var. *cuprea*黄瓶子草（铜帽） …… 239
Sarracenia fava var. *maxima*黄瓶子草（巨大） …… 240
Sarracenia fava var. *ornata*黄瓶子草（华丽） …… 240
Sarracenia fava var. *rubricorpora*黄瓶子草（红管） …… 241
Sarracenia fava var. *rugelii*黄瓶子草（帝王） …… 241
Sarracenia formosa / *S.* ×(*minor*×*psittacina*) 福尔摩沙瓶子草 …… 254
*Sarracenia jonesii*琼斯瓶子草 …… 242
*Sarracenia leucophylla*白瓶子草 …… 242
Sarracenia leucophylla f. *viridescens*白瓶子草（绿） …… 244
Sarracenia leucophylla var. *alba*白瓶子草（白色） …… 243
Sarracenia leucophylla var. *pubescens* 'Pink' 白瓶子草（茸毛粉） …… 243
Sarracenia leucophylla 'Deer Park' 白瓶子草（鹿园） …… 244
Sarracenia leucophylla 'Red Top' 白瓶子草（红顶） …… 245
*Sarracenia minor*小瓶子草 …… 245
Sarracenia oreophila 山地瓶子草 …… 246
*Sarracenia psittacina*鹦鹉瓶子草 …… 246
Sarracenia psittacina f. *heterophylla*鹦鹉瓶子草（绿） …… 247
Sarracenia psittacina 'Ball Top' 鹦鹉瓶子草（圆头） …… 247
*Sarracenia purpurea*紫色瓶子草 …… 248
Sarracenia purpurea f. *heterophylla*紫色瓶子草（绿色） …… 250
Sarracenia purpurea ssp. *purpurea* 紫色瓶子草 (北方亚种) …… 248
Sarracenia purpurea ssp. *venosa* 紫色瓶子草（南方亚种） …… 249
*Sarracenia rosea*蔷薇瓶子草 …… 250
*Sarracenia rubra*红瓶子草 …… 251
Sarracenia rubra ssp. *gulfensis*红瓶子草（海湾） …… 251
Sarracenia×*chelsonii* / *S.* ×(*rubra*×*purpurea*) 查尔逊瓶子草 …… 254
Sarracenia×*readei* / *S.* ×(*leucophylla*×*alabamensis* ssp. *wherryi*)瑞迪瓶子草 …… 258
Sarracenia×*stevensii*/ *S.* ×(*rubra* ssp. *gulfensis*× *leucophylla*)斯蒂文斯瓶子草 …… 260
Sarracenia×*swaniana* / *S.* ×(*purpurea*×*minor*) 天鹅瓶子草 …… 259
Sarracenia×(*minor*×*alata*)小姨瓶子草 …… 257
Sarracenia× 'Armour' 铠甲瓶子草 …… 252
Sarracenia× 'Cape' 海角瓶子草 …… 253
Sarracenia× 'Hummer' s Hammerhead' / S.×[(*psittacina* ×*alabamensis*)×*alabamensis*]锤子头瓶子草 …… 255
Sarracenia× 'Judith Hindle' / *S.*×[(*leucophylla*×*fava* var. *rugelii*)×*purpurea*]朱迪思瓶子草 …… 255
Sarracenia× 'Juthatip Soper' / *S.* ×(*leucophylla*×*purpurea*) ×*leucophylla* 'Pink' 马修索佩瓶子草 …… 256
Sarracenia× 'Medusa' 美杜莎瓶子草 …… 256
Sarracenia× 'Mickey' 米奇瓶子草 …… 257
Sarracenia× 'Redneck' 红颈瓶子草 …… 258
Sarracenia× 'Scarlet Belle' / *S.*×(*leucophylla*×*psittacina*) 猩红瓶子草 …… 259

U …

*Utricularia adpressa*匍匐狸藻 …… 293
*Utricularia alpina*高山狸藻 …… 300
*Utricularia aurea*黄花狸藻 …… 304
*Utricularia bisquamata*双鳞片狸藻 …… 294
*Utricularia blanchetii*布朗歇狸藻 …… 294
*Utricularia calycifida*双裂苞狸藻 …… 301
*Utricularia fulva*杏黄狸藻 …… 295
*Utricularia gibba*丝叶狸藻 …… 304
*Utricularia graminifolia*禾叶狸藻 …… 295
*Utricularia livida*利维达狸藻 …… 296
Utricularia livida f. *mexico*宽瓣利维达狸藻 …… 296
*Utricularia longifolia*长叶狸藻 …… 301
*Utricularia microcaly*小萼狸藻 …… 297
*Utricularia minutissima*斜果狸藻 …… 297
*Utricularia nelumbifolia*荷叶狸藻 …… 302
*Utricularia nephrophylla*小肾叶狸藻 …… 302
*Utricularia parthenopipes*海妖女狸藻 …… 297
Utricularia recta / *U. scandens* ssp. *firmula*尖萼挖耳草 298
Utricularia reniformis 大肾叶狸藻 …… 303
*Utricularia sandersonii*小白兔狸藻 …… 298
Utricularia sandersonii ' Blue' 小蓝兔狸藻 …… 298
*Utricularia subulata*尖叶狸藻 …… 299
*Utricularia tricolor*三色狸藻 …… 303
*Utricularia uniflora*独花狸藻 …… 299
*Utricularia warburgii*瓦堡狸藻 …… 299

后记

感受自然　分享快乐

我清晰地记得，在我读小学三年级的时候，语文课本里有这样一段描述：猪笼草的笼子上挂着一条蜈蚣，里面半截已经被消化了！……。这深深地震撼了我，非常渴望能够见到这种植物！但在当时根本找不到这种植物和相关资讯，直到我工作以后才在大城市的花卉市场第一次看到猪笼草，埋藏在心里的火种就像火山喷发一样，后来就有了“小虫草堂”，我就像是一只小虫，掉进了食虫植物的陷阱里。好东西就要和朋友一起分享！食虫植物是我童年的梦想，我们期望把它分享给更多的人，让更多的人，特别是孩子，去感受大自然的神奇。兴趣是最好的“老师”，能够激发出无限潜能，在探索中快乐地成长！也许那会是童年的美好记忆，也许会影响一个人的一生！从 2004 年开始，我们经过 19 年时间，亲身种植了 1 000 多种食虫植物，又经过 5 年时间的拍摄、整理、编写，终于完成了《食虫植物百科》的编写工作。书中较为系统全面地介绍了世界上已知的各种食虫植物，涵盖亲身种植的将近 600 种食虫植物，1 600 多张精选照片。本书从食虫植物爱好者角度出发，以园艺栽培分类及学名为序，方便查询，可作为品种查询与种植参考的工具书。书中图片精美，也可作为图鉴欣赏，希望本书能够帮助到对食虫植物感兴趣的大小朋友们！

小虫草堂创始人

中国食虫植物网创始人

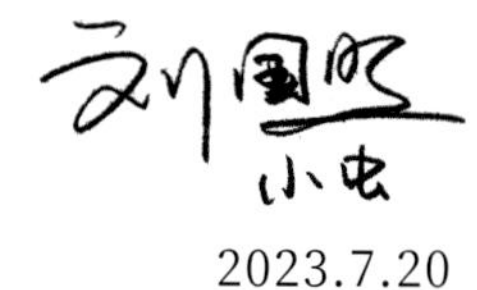

2023.7.20